ELECTROCHEMICALLY SWITCHED ION EXCHANGE
TECHNOLOGY AND ITS APPLICATION

电控离子交换
技术及应用

王忠德　郝晓刚　杜晓　等著

化学工业出版社
·北京·

本书在作者及其团队对电控离子交换技术多年研究成果的基础上编著而成，内容包括电控离子交换机制，电控离子交换材料的设计、结构与可控合成，碱金属、碱土金属、稀土金属钇、重金属、阴离子的分离方法的制备及表征，电控离子交换在传感器方面的应用，电控离子交换工艺及设备设计等。

本书具有较强的技术性和应用性，可供环境工程、化学工程等领域的工程技术人员、科研人员和管理人员参考，也供高等学校相关专业师生参阅。

图书在版编目（CIP）数据

电控离子交换技术及应用/王忠德等著. —北京：化学工业出版社，2017.8
ISBN 978-7-122-30020-1

Ⅰ.①电…　Ⅱ.①王…　Ⅲ.①电子控制-离子交换法
Ⅳ.①X703

中国版本图书馆 CIP 数据核字（2017）第 148237 号

责任编辑：刘兴春　刘　婧　　　　　　　　装帧设计：韩　飞
责任校对：王　静

出版发行：化学工业出版社（北京市东城区青年湖南街 13 号　邮政编码 100011）
印　　装：北京云浩印刷有限责任公司
710mm×1000mm　1/16　印张 12½　字数 181 千字　　2017 年 8 月北京第 1 版第 1 次印刷

购书咨询：010-64518888（传真：010-64519686）　售后服务：010-64518899
网　　址：http://www.cip.com.cn
凡购买本书，如有缺损质量问题，本社销售中心负责调换。

定　　价：78.00 元　　　　　　　　　　　　版权所有　违者必究

前言

　　电控离子交换技术（Electrochemically Switched Ion Exchange，ES-IX）是将电化学方法和传统的离子交换技术相结合而衍生出来的一种新型离子交换技术。通过调节电活性材料的氧化还原电位来控制离子的置入和释放，分离与回收提纯溶液中的离子。该技术可突破化学吸附平衡的限制，提高了离子置入动力学及离子交换容量等，而且消除了化学再生产生的二次污染，是一种环境友好的新型水处理技术。

　　电控离子交换技术核心是对目标离子具有选择性的电控离子交换材料施加氧化还原电位，改变其氧化还原状态（即荷电性能），为了维持膜的电中性，溶液中的阴、阳离子置入或者置出。目前电活性离子交换材料主要包括无机半导体、导电聚合物及其有机/无机杂化材料，其中无机电活性离子交换材料的代表为普鲁士蓝过渡金属类似物，可用于电控阳离子交换，如碱金属或碱土金属分离，而导电聚合物如 PANI、聚吡咯（PPy）、聚乙烯二氧噻吩（PEDOT）等掺杂小的阴离子可用于电控分离阴离子；掺杂大的阴离子如聚苯乙烯磺酸钠（PSS）后，可用于电控分离阳离子分离及提纯。无机电活性离子交换材料具有相对稳定的晶体结构、良好的稳定性和高的离子选择性，然而限制其应用的主要因素包括难以加工成型以及与导电基体相对较弱的粘附力。有机导电聚合物可以轻松地通过电化学方法沉积到电极表面，而且膜的质量可以根据沉积时间有效地调控，但选择性差。结合有机电活性离子交换材料与无机电活性离子交换材料二者的优点，制备有机/无机杂化材料，期望产生协同效应并具有优良的电控离子交换性能。

　　本书以电控离子交换技术在水处理方面应用的研究成果为主线，结合了国内外的有关参考文献，较系统地介绍了电控离子交换技术。同时提出了一些新的电化学控制离子交换机制，详细介绍了电控离子交换技术对不同离子选择性分离与提纯机理，电活性材料的选择，电控离子交换工艺及设备设计，并注重其应用与原理的结合。全书共分为 10 章，内容主要包括电控离子交换机制，电控离子交换材料及其制备过程，电控离子交换技术对碱金属离子、碱土金属离子、稀土金属钇离子、重金属离子和阴离子的分离与提纯技术及其在传感器方面的应用，最后介绍了电控离子交换工艺及设备设计。本书具有较强的技术性和应用性，可供从事电控离子交换领域的工程技术人员、科研人员和管理人员参考，也可供高等学校环境工程、化学工程及相关专业师生参阅。

本书的研究工作得到了国家自然科学基金项目（21476156，21576184，21276173，21306123）、山西省基金项目（2012011020-5）、山西省高校优秀青年学术带头人项目、山西省归国人员留学基金（2015-039）及太原理工大学优秀青年基金项目的大力支持。本书主要由王忠德、郝晓刚、杜晓等著，其中郝晓刚撰写前言；杜晓撰写第 1 章；王忠德著写第 2 章～第 10 章。另外，刘晔和高凤凤博士负责校核，王美娟、杨庆锁、李帅等硕士参与图表的校核。全书最后由王忠德、郝晓刚统稿、定稿。

感谢国家自然科学基金委、山西省科技厅、山西省归国留学人员办公室在资金方面的资助，感谢历届博士研究生和硕士研究生的辛勤工作。

限于著者水平和著写时间，书中不妥和疏漏之处在所难免，欢迎广大专家、学者和工程技术人员批评指正。

著　者

2017 年 3 月

目 录

6　稀土金属钇离子分离　　　　　　79

7　重金属离子分离　　　　　　103

1 绪 论

1.1 重金属离子来源

重金属一般是指相对密度≥5，原子周期表中原子序数大于 20（Ca），具有相似外层电子分布特征的一类金属元素，如铜（Cu）、铅（Pb）、锌（Zn）、铁（Fe）、钴（Co）、镍（Ni）等。重金属一般以天然浓度广泛存在于自然界中，但由于人类对重金属的应用日益增多，造成不少重金属进入大气、水、土壤中[1]。目前水中重金属来源主要有以下 5 类。

1）地质风化作用，如岩石的风化，这是环境中基线值或背景值的来源。

2）含金属离子的工业废水是水中重金属离子的主要来源，包括机械加工、矿山开采、钢铁及有色金属的冶炼和部分化工企业。例如，印刷厂在铅版镀铁、镀锌过程中产生酸性含铅、含锌废水；电镀过程中产生大量的含镉废水；化工、涂料、塑料、试剂等企业使用镉和镉制品作原料，以及印刷、农药、陶瓷、摄影等工业，都是镉离子的来源。

3）矿物燃料燃烧散落到水中，煤炭、石油中的重金属燃烧时会以颗粒物形式进入空气中，随风迁移，再随降尘、降水回到地面，随地表径流进入水体。

4）生活废水和城市地表径流，包括未处理的或只用机械方法处理的废水，通过生物处理厂过滤器的物质，以溶解态或微颗粒态存在。

5）农业生产中可能大量使用含金属的农药，或在农业土壤中本来就含有的一些重金属，这些金属均可以因淋溶而进入水中。

1.2　重金属离子的危害

近些年来，随着我国社会经济的发展，人口的增长和城市化进程的加快，环境重金属污染问题日益严重。水中重金属污染主要是排入水中的重金属含量超过了水本身的自净能力，在水体中不能被微生物降解，而只能在环境中发生迁移和形态转化使水的组成和性质发生了变化，从而使水体中生物生长条件恶化，并使人类生活和健康受到不良影响。水中大多数重金属都富集在黏土矿物和有机物上。另外，生物体可以富集重金属，并且能将某些重金属转化为毒性更强的金属-有机化合物。生物从环境中摄取重金属可以经过食物链的生物放大作用，在较高级生物体内成千万倍地富集起来，然后通过食物进入人体，在人体的某些器官中积蓄并造成慢性中毒，危害人体健康[2,3]。

水环境中的重金属元素有以下污染特征。

① 分布广泛　重金属普遍存在于自然环境的岩石、土壤、大气、水和一些生物体内，加上工农业生产对重金属的广泛应用，造成重金属在水体中有广泛的分布。

② 可以在水环境中迁移转化　多数重金属能与环境中的许多物质生成配合物或螯合物，大大增加了其溶解性。已经进入沉积物中的重金属，还能因为配合物或螯合物的生成再进入水体，造成二次污染。

③ 毒性强　在环境中只要有微量重金属即可产生毒性效应，一般在天然水中重金属产生毒性的范围在 $1\sim10mg/L$ 之间。毒性较强的重金属如汞、镉等产生毒性的浓度范围更低，在 $0.001\sim0.01mg/L$ 范围；有一些重金属还可在微生物作用下转化为毒性更强的有机金属化合物，如甲基化作用。

④ 生物积累作用　水生生物可以从水环境中浓缩一些重金属，还可以经过食物链的生物放大作用积累，逐级在较高营养级的生物体内成千万倍地富集，然后通过食物进入人体，在人体中积蓄，对人体健康造成危害。例如汞就是典型的积累性重金属。

1.3 重金属处理

目前，人们对水体重金属污染问题已有相对深入的研究，同时采取了多种方法对重金属废水和污染的水体进行处理和修复，这些方法主要用于转移其存在的位置和其物理化学形态，不能使其中的重金属分解破坏。例如，经化学沉淀处理后，废水中的重金属从溶解的离子状态转变为难溶性化合物而沉淀，于是从水中转入污泥中；经离子交换处理后，废水中的重金属离子转移到离子交换树脂上，经再生后则又转移到再生废液中。

目前对于重金属离子处理主要有化学法、电解法、吸附法、膜分离法等[4,5]。

1.3.1 化学法

（1）化学沉淀法

化学沉淀法是往重金属废水中加化学沉淀剂，产生难溶的化学物质，使污染物呈沉淀析出，然后通过凝聚、沉降、浮选、过滤、吸附等方法将沉淀从溶液中分离出来，或者用酸或碱调整重金属离子生成氢氧化物沉淀的 pH 值条件，从而使污染物质形成氢氧化物沉淀，加以分离。

常用的絮凝剂有 $Al_2(SO_4)_3$、$FeSO_4$、$FeCl_3$、$FeCl_2$、$NaAlO_2$ 和 PSC（聚合氧化铝）等无机混凝剂，以及聚丙烯酸钠、聚乙烯酰胺、聚丙烯酰胺、聚乙烯和聚硫脲醋酸盐等高分子絮凝剂。

常用的中和剂有生石灰、消石灰、电石渣、碳酸钙、碳酸钠等。

可根据废水量、水质、重金属种类、酸的浓度、需中和的 pH 值、主要沉淀物的性能等因素选用絮凝剂和中和剂等。

该处理方法具有流程简单，效果较好，操作简便，处理成本较低的优点，但也有渣量大、含水率高、脱水困难等缺点[6]。

（2）氧化还原法

氧化还原法是向重金属废水中加入氧化剂或还原剂，通过氧化还原反应使重金属离子转变为毒性较小或容易生成沉淀的价态，然后沉淀去除。氧化法是在水中投入氧化剂，将废水中的有毒物质氧化为无毒或低毒物质的处理方法，氧化法主要处理废水中的 CN^-、S^{2-}、Fe^{2+}、Mn^{2+} 等离子，色度、味臭、生化需氧量（BOD）、化学需氧量（COD）以及致病微生物等。

常用的氧化剂有过氧化氢、液氯、空气、臭氧等。

还原法是在水中投入还原剂，将废水中的有毒物质还原为无毒或低毒物质的处理方法，该法主要用于处理废水中的 Cr^{6+}、Cd^{2+} 和 Hg^{2+} 等重金属离子。

常用的还原剂有气态的 SO_2，液态的水合肼以及固态的亚硫酸氢钠、硫代硫酸钠、硫酸亚铁、硼氢化钠，铁、锌、铜、锰、镁等金属也可以作为还原剂。另外，在很多废水处理中用铁屑作为还原剂，例如含 Cr^{6+}、Hg^{2+} 的废水等。

化学法处理重金属废水的应用技术容易实现，只要化学反应试剂的选择准确，可以根据化学反应方程式准确地计算投加量，通过简单的操作步骤达到重金属处理的目的。目前，化学法广泛应用于电镀含重金属离子废水、采矿冶炼产生的含重金属离子废水的处理。

1.3.2 电解法

电解是利用直流电使水中重金属离子在电源两极进行氧化还原反应的过程。经过电解，重金属聚集沉淀在电极表面或者容器底部，然后进行处理。例如，可以在阴极回收 Cr、Cu、Pb、Cd、Ni、Ag、Au 等，并且通过控制电极电位，可以把同一溶液中的多种金属离子逐步分离，回收，提纯，得到纯度较高的某单一金属。

电解法在反应过程中程序复杂，需要进一步分离纯化，成本略高，处理浓度低的金属离子经济价值偏低，具有一定的局限性。

1.3.3 吸附法

吸附法是利用吸附剂来吸附废水中重金属的方法。常见的吸附法有物理吸附法、生物吸附法等。

物理吸附法是通过吸附剂把废水中的重金属离子吸附到表面，进而除去废水中的重金属离子[7,8]。活性炭是最常用的无机吸附剂，其多孔结构使其具有较大的比表面积和强的吸附性，吸附容量大，可以同时吸附多种重金属离子，但是价格昂贵，难脱附，使用寿命短。

沸石、黏土矿物、分子筛等具有较高比表面积或者吸附剂表面具有丰富的高密度空隙结构的材料都是常用的吸附剂。

生物吸附法是利用生物体及其衍生物吸附水中的重金属离子，再通过固液分离达到去除重金属的目的。作为一种新颖的重金属处理方法，生物吸附法具有高效、廉价的优势。其本质是一种特殊的离子交换剂，主要有藻类、微生物、农林废弃物等。原料来源广泛且廉价，容易回收的生物吸附法在处理重金属废水中使用越来越广泛。

1.3.4 膜分离法

膜分离法是利用半透膜的同时，通过外界压力的作用，不改变溶液中溶质的化学形态，将溶质和溶剂进行分离浓缩的方法。

膜分离法处理过程中不会发生化学反应，处理效果好、维护方便、操作简单，能够实现对利用价值高的金属的回收。根据使用的半透膜性能的不同，膜分离法可以分为微滤、超滤、电渗析、反渗透、纳滤等。这种方法将废水中的重金属离子转化为特定大小的不溶状态的微小颗粒，然后通过滤膜将其除去。

膜分离法优点突出，效率高且无二次污染，但膜的寿命短，投资费用高。

1.4 研究思路

电控离子交换（ESIX）结合了电化学和离子交换的性能，通过施加电位来改变电活性材料的氧化还原状态，以达到吸附与脱附目标离子的目的。具有操作条件温和，能够去除较低浓度离子，脱附无需二次添加剂，对目标离子具有较高亲和性等优点。

在 ESIX 过程中，首先在高比表面积的导电基体上制备电活性离子交换材料，通过电位调节使电活性膜处于还原状态。为保持膜的电中性，溶液中的金属阳离子会置入活性膜中，实现溶液中金属离子的去除。将电活性膜置于再生液中，调节电压使活性膜处于氧化状态。此时，为保持膜的电中性，置入活性膜的阳离子从膜内释放，从而实现金属离子的回收和膜的再生。这一过程避免了大量化学剂的添加，减小了二次污染。

电控离子交换技术应用的关键在于电活性材料的选取。通过合成电化学性能优良的电活性材料，采用外加电压来调节活性材料的氧化还原状态，达到去除重金属离子目的的 ESIX 方法，可以广泛应用于水中重金属离子的去除。

⊙ 参考文献

[1] Ozdes, D., Duran, C., Senturk, H. B. Adsorptive removal of Cd (Ⅱ) and Pb (Ⅱ) ions from aqueous solutions by using Turkish illitic clay [J]. Journal of environmental management, 2011, 92(12): 3082-3090.

[2] Amarasinghe, B., Williams, R. Tea waste as a low cost adsorbent for the removal of Cu and Pb from wastewater [J]. Chemical Engineering Journal, 2007, 132(1): 299-309.

[3] Potgieter, J., Potgieter-Vermaak, S., Kalibantonga, P. Heavy metals removal from solution by palygorskite clay [J]. Minerals Engineering, 2006, 19(5): 463-470.

[4] Xiong, L., Chen, C., Chen, Q., et al. Adsorption of Pb (Ⅱ) and Cd (Ⅱ) from aqueous solutions using titanate nanotubes prepared via hydrothermal method [J]. Journal of hazardous materials, 2011, 189(3): 741-748.

[5] Naiya, T. K., Bhattacharya, A. K., Das, S. K. Adsorption of Cd (Ⅱ) and Pb (Ⅱ) from aqueous solutions on activated alumina [J]. Journal of Colloid and Interface Science, 2009, 333(1): 14-26.

[6] Taty-Costodes, V. C., Fauduet, H., Porte, C., et al. Removal of Cd (Ⅱ) and Pb (Ⅱ) ions, from aqueous solutions, by adsorption onto sawdust of Pinus sylvestris [J]. Journal of hazardous materials, 2003, 105(1): 121-142.

[7] Chakravarty, S., Mohanty, A., Sudha, T. N., et al. Removal of Pb (Ⅱ) ions from aqueous solution by adsorption using bael leaves (Aegle marmelos) [J]. Journal of hazardous materials, 2010, 173(1): 502-509.

[8] Rafatullah, M., Sulaiman, O., Hashim, R., et al. Adsorption of copper (Ⅱ), chromium (Ⅲ), nickel (Ⅱ) and lead (Ⅱ) ions from aqueous solutions by meranti sawdust [J]. Journal of hazardous materials, 2009, 170(2): 969-977.

2 电控离子交换机制

2.1 直接电位驱动金属离子法

近年来，电控离子交换作为一种新型的环境友好型离子分离和回收技术而备受关注。传统的离子交换过程中，吸附剂或离子交换剂通常需要大量的酸/碱再生。然而，在电控离子交换过程中，可以通过调节沉积在导电基体上的电活性离子交换材料的电化学电位实现离子的置入与释放。图 2-1 所示为电化学控制阳离子交换的机理，由于电子是离子传

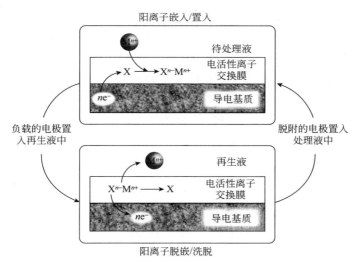

图 2-1　阳离子的电控离子交换示意

递的主要驱动力，因此可以有效地避免传统离子交换过程中产生的二次污染。迄今为止，这一技术已经被广泛应用于离子分离、污水纯化以及药物释放。

1997 年，美国太平洋西北实验室首次提出将 NiHCF 应用于电化学分离高放废液中的 Cs^+[1]。在核泄漏污水中，^{137}Cs 的半衰期长达 30 年之久，因而被看作是一种严重的放射源，对其的处理具有重要意义。Rassat 等[2] 通过阳极氧化法在镍电极基体上制备出的 NiHCF 膜在富钠的水溶液中对 Cs^+ 表现出优良的选择性。然而，由于 NiHCF 膜由溶液中的铁氰根离子和镍电极上溶解的镍离子进行沉淀反应制备而成，因此当 NiHCF 完全覆盖镍基体时，膜的增长就会停止。针对这一问题，Jeerage 等[3] 开发了一种阴极电沉积的方法在铂片上制备 NiHCF 膜。该方法主要是通过铁氰根还原形成的亚铁氰根与溶液中的二价镍离子进行沉淀反应，进而在电极表面生成 NiHCF 膜。

采用三维多孔的导电材料作为基体进行电化学制备 NiHCF 膜，可以有效地改善其离子交换容量。Chen 等[4] 合成一种均匀的 NiHCF 纳米管，并利用 ESIX 技术对水溶液中的 Cs^+ 进行分离。基于纳米管结构较高的比表面积，NiHCF 的离子交换容量得到显著提升。Ding 等[5] 利用胡桃壳作为基体沉积 NiHCF 用于 Cs^+ 分离。吸附 Cs^+ 以后的胡桃壳可以通过燃烧的方式将体积浓缩，方便进一步处理。笔者课题组[6] 在三维多孔的碳毡基体上，采用一种交替浸泡方法制备出一种 NiHCF/碳毡复合材料。通过一种隔膜式反应器结合 ESIX 技术实现了对 Cs^+ 的连续分离，并针对离子置入过程构建了理论模型，为其进一步实际应用提供了理论依据。

除了 NiHCF 以外，其他的 MHCF 也可以应用于 Cs^+ 的分离。Guibal 等[7] 设计合成了一种甲壳素/普鲁士蓝海绵应用于水溶液中 Cs^+ 移除。通过甲壳素海绵对普鲁士蓝粉末的包埋有效地解决了普鲁士蓝颗粒难以加工成型的问题。Chen 等[8] 制备出一种水溶性的 CuHCF 纳米颗粒，并将其包覆到电极表面，通过电化学吸附过程选择性移除 Cs^+。其结果表明在不同碱金属离子存在的溶液中，CuHCF 纳米颗粒对 Cs^+ 显示出优良的选择性。

在有机导电聚合物中，PPy 是一种最为常见且受关注最多的电活性材料。这主要是由于相比于其他导电聚合物，PPy 在中性溶液中（pH=7）仍然可以保持较高的电活性。一般而言，掺杂小阴离子的 PPy 主要表现出阴离子交换性能。然而，在一定的条件下也会发生阳离子交换。例如 Cl^- 掺杂的 PPy 在 NaCl 溶液中主要表现为阴离子交换，而在 Na_2SO_4 溶液中则表现出阳离子交换行为。当 PPy 中掺杂较大的阴离子如十二烷基硫酸根（DS^-）、十二烷基苯磺酸根（DBS^-）、聚乙烯磺酸根（PVS^{n-}）和聚苯乙烯磺酸根（PSS^{n-}）时，主要表现出阳离子交换性能。除了掺杂离子以外，PPy 的离子交换性能还受其他因素的影响，例如聚合条件、溶液中离子的特性、溶液类型和温度。基于这一特点 PPy 可以通过掺杂不同的阴离子进而制备出针对不同阴离子或者阳离子具有选择性分离功能的离子交换膜。

Gelin 等[9] 采用 $FeCl_3$ 为氧化剂在纤维素上合成 PPy 膜，基于纤维素的高比表面积，合成的 PPy 对 Cl^- 的交换容量显著提升。Lin 等[10~12] 分别在 CNTs 修饰的玻碳电极和石墨烯电极上制备出 Cl^- 掺杂的 PPy 膜，该膜对 ClO_4^- 显示出良好的分离效果。此外，PPy 的离子交换容量和稳定性在碳材料的协同作用下得到明显的改善。

Weidlich 等[13] 在碳毡基体上制备出一种 PSS 掺杂的 PPy 膜，并考察了该复合膜对饮用水中 Ca^{2+} 的分离性能。此外，他们将吡咯单体和氧化剂分别置于一种微滤膜或离子交换膜的两侧[14]。吡咯单体和氧化剂通过向膜内扩展传递，并在膜内氧化聚合形成一种 PPy 包覆的离子选择性膜。通过掺杂不同的阴离子可以制备出针对不同离子具有分离效果的离子交换膜。Kim 等[15] 制备出一种六磺化环芳烃掺杂的 PPy 膜在硝酸钾溶液中显示出 K^+ 交换性能。

PANI 及其衍生物因其独特的性能同样被看作是一种重要的 ESIX 材料，然而导电 PANI 的电活性很大程度上依赖于电解液的 pH 值[16]。一般而言，PANI 在酸性溶液中具有良好的电活性，而在中性或碱性溶液中，其电活性显著减弱。Zhai 等[17] 设计了一种 PANI 修饰的电极反应器用于移除水溶液中的 F^-。通过测试表明，当使用 1.5V 的电位时，该 PANI 膜在酸性溶液中对 F^- 显示出良好的分离能力，其处理量达 20mg/g。此外，置入 PANI 膜内的 F^- 在 $-1.0V$ 的电位下可以被置出膜外。尽管 PANI 在中性溶液中表现出相对较弱的氧化还原活性，但是含—OH 的苯胺衍生物合成的共聚物可以在较宽的 pH 值范围内仍保持良好的电活性。Zhang 等[18] 制备出一种聚（苯胺-邻氨基酚）膜，并将其应用于电控分离水溶液中的 ClO_4^-。该复合膜在 pH 值 1.0～9.0 的范围内，对 ClO_4^- 的选择性明显优于 Cl^-。

与 PTh 相比，PEDOT 作为其衍生物具有更高的导电性。这主要是由于 PTh 在氧化聚合的过程中容易在 β-位发生交联，进而破坏单双键的共轭体系，降低其电导率[19]。而对于 PEDOT 而言，由于其独特的结构可以有效地避免 β-位交联，在增强富电子特性的同时降低带隙，从而改善其电活性。Plieth 等[20] 研究表明 PEDOT/ClO_4^- 膜在 $NaClO_4$ 溶液中主要表现出阴离子交换特性。Sonmez 等[19] 通过电化学方法在铂基体上合成一种 PEDOT/聚（2-丙烯酰胺-2-甲基-1-丙烷磺酸根）复合膜，研究表明该复合膜在 Ru（NH_3）$_6$$Cl_3$ 电解液中表现出阳离子交换性能。

除了常见的导电高分子以外，一些研究关注于开发其他导电聚合物的电控离子交换性能。在不同的导电聚合物中，一些特异的官能团有助于络合目标离子，提高其吸附性能。Kong 等[21] 合成了一种聚（间二苯胺）纸电极用于分离污水中的 Cu^{2+}。结果表明聚（间二苯胺）中苯型的亚胺有助于螯合水溶中的 Cu^{2+}。

除了分离和提纯常规的无机离子以外，利用 ESIX 技术运送药物离子同样是一个极其重要的应用方向。药物控制释放是一种新型的给药技术，通过特定的方法使目标药物直达病灶组织，进而有效地增强药物的治疗功效，同时降低副作用。由于具备独特的 ESIX 性能，导电聚合物被认为是一种理想的药物释放材料。目标药物可以通过简单的合成技术包埋到导电聚合物中，再通过改变导电聚合物的电势实现药物的定点释放。Sirivisoot 等[22] 利用 PPy 膜作为电控药物释放材料应用于骨移植手术，通过改变电位可以使包埋在 PPy 中的地塞米松和盘尼西林/链霉素被释放出膜外，进而抑制病灶组织的病变。Wallace 等[23] 合成出一种同轴的 PEDOT/PSS/壳聚糖纤维，并将盐酸环丙沙星装载到该纤维中；而后，在电刺激的条件下实现药物的释放。Alizadeh 等[24] 开发出一种纳米结构的 PPy 膜用于温度-电位程序控制甲氨蝶呤的释放。此外，他们还合成出一种具有生物相容性的肝素掺杂的 PPy 膜，通过热电的

双重刺激可以实现氯丙嗪的程序控制释放[25]。基于其高的比表面积，纳米结构的 PPy 膜在电控药物释放领域具有广阔的应用前景。

综上所述，无机 EIXMs 具有相对稳定的晶体结构、良好的稳定性和高的离子选择性，然而限制其应用的主要因素包括难以加工成型以及与导电基体相对较弱的粘附力。有机导电聚合物可以轻松地通过电化学方法沉积到电极表面，而且膜的质量可以根据沉积时间有效地调控。因此，制备有机无机杂化材料成为可结合二者优点的一种理想途径，可产生协同效应，并用于电控离子分离。

Lin 等[11] 通过分步法在玻碳电极上成功合成一种 CNTs-PANI-Ni-HCF 复合膜。通过借助 CNTs 的高比表面积使该复合膜对 Cs+ 的吸附量得到明显的改善。Li 等[26] 采用化学合成方法在聚（4-乙烯基吡啶）嫁接的 CNTs 上制备出一种粒径为 2～20nm 的 NiHCF 颗粒。该复合材料在含有高浓度 Na+ 的溶液中对 Cs+ 表现出优良的吸附性能和选择性。杜晓等通过脉冲离子印迹办法合成了 PPY/FCN³⁻ 电活性阳离子交换膜用于稀土金属钇离子的分离，具有高选择性、高离子交换容量及好的稳定性。

2.2 间接电位驱动法

2.2.1 电位触发质子自交换驱动法

笔者团队开发了具有电位触发质子自动交换效应（PTPS）的电化学控制离子交换（ESIX）膜。该膜采用聚吡啶二甲酸为膜材料，通过电聚合的办法在导电基体上生长一层均匀的膜，将其用于去除废水中的铜离子。图 2-2 为电位触发质子自动交换效应（PTPS）的电化学控制离子交换机理示意。该聚合物膜电极在还原过程中质子从羧基群转移到吡啶环上，铜离子从电解质置入膜内与膜内羧基群中心结合，维持膜的电中性；在氧化过程中质子从吡啶环上转移到羧基群，铜离子从膜内释放到溶液中，同样也保持膜的电中性。因此通过调节该膜的氧化还原电位来控制铜离子的置入与释放，从而使溶液中的铜离子得到分离并能使该膜得到再生。

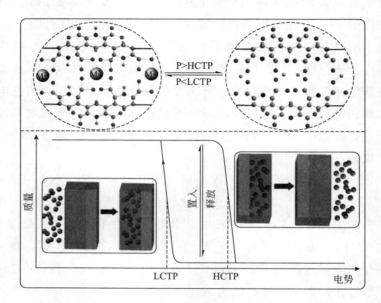

图 2-2　电位触发质子自动交换驱动 Cu^{2+} 置入和释放机制

P—PPDA 膜电极电势；LCTP—最低临界转移电势；HCTP—最高临界转移电势

　　笔者课题组还开发了容积泵型电控离子交换膜，该膜以质子为媒介，通过电位驱动质子定向流动及迁移来推动金属离子的置入和释放。图 2-3 为活塞泵型电控离子交换膜电位驱动质子定向流动及迁移来推动金属离子的置入和释放电化学控制离子交换机理示意。层状的 α-ZrP 纳米片层有表面质子传导和离子交换功能，离子交换位点作为功能离子容器，电位响应型导电聚合物作为质子泵元素，通过一步单极脉冲方式制备混合膜系统。当调节电势在还原（RP）状态时，聚苯胺链被还原，聚苯胺链从 α-ZrP 纳米片中接受质子，为了维持系统的电中性，Ni^{2+} 从溶液中进入纳米片层中；相反，当调节电势在氧化（OP）态时，聚苯胺链被氧化，质子从聚苯胺链中脱出到 α-ZrP 纳米片，Ni^{2+} 被质子取代释放到溶液中。

2.2.2　电位触发 pH 响应驱动技术离子

　　近来，通过 ESIX 技术自身的革新变化，以及与其他离子分离技术结合，ESIX 已经被拓展到各种的重金属离子分离与回收。Le 等[27~29]

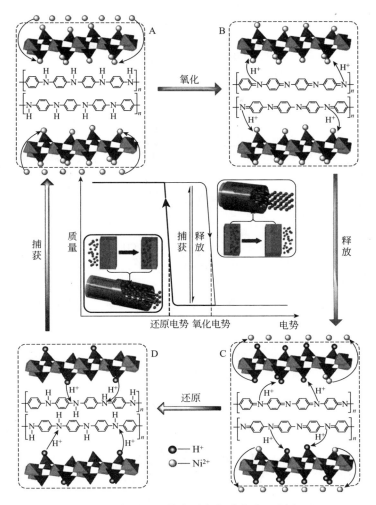

图 2-3 活塞泵型电控离子交换膜去除 Ni^{2+} 机理

开发出一种电化学 pH 值调控的聚合物膜，并将其应用于离子交换。他们采用一种重氮化合物诱导锚定方法将聚丙烯酸制备到金电极基体上。基于其较强的螯合官能团，聚丙烯酸可以将溶液中的 Cu^{2+} 吸附到膜内。将吸附饱和后的聚丙烯酸膜电极置入中性溶液中，并施加一个氧化电位。如图 2-4 所示，电极表面会发生水解反应，产生的 H^+ 将取代 Cu^{2+} 与聚丙烯酸中的羧酸基团结合，进而将 Cu^{2+} 置出膜外。这一方法可以有效地避免传统脱附过程中的二次污染。

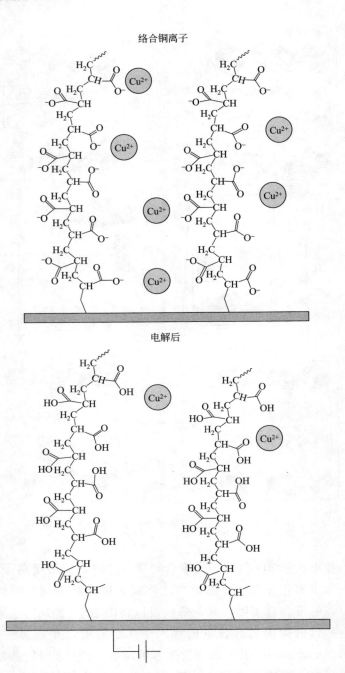

图 2-4　电化学 pH 值调控的聚丙烯酸离子交换机理[27~29]

Zhai 等[30] 报道了一种电催化还原方法应用于移除废水中的重铬酸根离子。具体通过电化学氧化法在玻碳电极上制备聚（苯胺-邻氨基酚）电活性膜。当该聚合膜在含 $Na_2Cr_2O_7$ 的溶液中电化学氧化时，溶液中的致癌物 $Cr_2O_7^{2-}$ 在电场力的作用下被掺杂到膜内，同时部分 $Cr_2O_7^{2-}$ 会被还原为低毒性的 Cr^{3+}。反之，当采用阴极电位电化学还原该聚合膜时，被吸附的 Cr^{3+} 在脱掺杂过程中将被置出膜外。此外，依据相同的原理，他们合成 PANI 膜作为电活性材料应用于 BrO_3^- 的移除[31,32]。在 PANI 的电催化还原过程中，溶液中的 BrO_3^- 被还原为 Br^-，然后在电场的作用下置入膜内。而后，在酸性溶液中将被吸附的 Br^- 洗脱出来。

Murray 等[33] 首次报道了一种"离子门膜"，在这种分离膜中离子传递的阻力大小可以通过调节膜的氧化还原状态实现动态的改变。Wallace 等[34] 在溅射喷铂的聚偏氟乙烯滤纸表面合成一种 PPy/PSS/DBS 复合膜。在通过脉冲或恒电势技术调节导电聚合物膜氧化或还原态的同时，可以实现离子的传递与分离。结果表明不同金属离子在该复合膜中的流量大小分别为 $Na^+ > K^+ > Ca^{2+} > Mg^{2+}$。借助相同的分离机理，Bobacka 等[35] 在溅射喷铂的聚偏氟乙烯滤纸上合成出一种 PPy/磺化杯烃复合膜。当使用 $-0.8 \sim 0.5V$ 的脉冲电势时，穿过该复合膜的离子量显著增加。金属离子透过膜的顺序为 $Ca^{2+} > K^+ > Mn^{2+} \gg Co^{2+}$。总之，经过 20 余年的发展，电控离子交换技术在金属离子及阴离子移除及回收中得到了广泛的应用。

● 参考文献

[1] Lilga, M. A., Orth, R. J., Sukamto, J. P. H., et al. Metal ion separations using electrically switched ion exchange [J]. Separation and Purification Technology, 1997, 11(3): 147-158.

[2] Rassat, S. D., Sukamto, J. H., Orth, R. J., et al. Development of an electrically switched ion exchange process for selective ion separations [J]. Separation and Purification Technology, 1999, 15(3): 207-222.

[3] Jeerage, K. M., Schwartz, D. T. Characterization of Cathodically Deposited Nickel Hexacyanoferrate for Electrochemically Switched Ion Exchange [J]. Separation

Science and Technology, 2000, 35(15): 2375-2392.

[4] Chen, W. , Xia, X. H. Highly stable nickel hexacyanoferrate nanotubes for electrically switched ion exchange [J] . Advanced Functional Materials, 2007, 17(15): 2943-2948.

[5] Ding, D. , Lei, Z. , Yang, Y. , et al. Selective removal of cesium from aqueous solutions with nickel (II) hexacyanoferrate (III) functionalized agricultural residue-walnut shell [J] . Journal of Hazardous Materials, 2014, 270(0): 187-195.

[6] Sun, B. , Hao, X. , Wang, Z. , et al. Separation of low concentration of cesium ion from wastewater by electrochemically switched ion exchange method: Experimental adsorption kinetics analysis [J] . Journal of Hazardous materials, 2012, 233-234(0): 177-183.

[7] Vincent, T. , Vincent, C. , Barre, Y. , et al. Immobilization of metal hexacyanoferrates in chitin beads for cesium sorption: synthesis and characterization [J] . Journal of Materials Chemistry A, 2014, 2(26): 10007-10021.

[8] Chen, R. , Tanaka, H. , Kawamoto, T. , et al. Thermodynamics and mechanism studies on electrochemical removal of cesium ions from aqueous solution using a nanoparticle film of copper hexacyanoferrate [J] . ACS Applied Materials & Interfaces, 2013, 5(24): 12984-12990.

[9] Gelin, K. , Mihranyan, A. , Razaq, A. , et al. Potential controlled anion absorption in a novel high surface area composite of Cladophora cellulose and polypyrrole [J] . Electrochimica Acta, 2009, 54(12): 3394-3401.

[10] Lin, Y. , Cui, X. , Bontha, J. Electrically controlled anion exchange based on polypyrrole and carbon nanotubes nanocomposite for perchlorate removal [J] . Environmental Science & Technology, 2006, 40(12): 4004-4009.

[11] Lin, Y. , Cui, X. Electrosynthesis, characterization, and application of novel hybrid materials based on carbon nanotube-polyaniline-nickel hexacyanoferrate nanocomposites [J] . Journal of Materials Chemistry, 2006, 16 (6): 585-592.

[12] Lin, Y. , Cui, X. Novel hybrid materials with high stability for electrically switched ion exchange: carbon nanotube-polyaniline-nickel hexacyanoferrate nanocomposites [J] . Chemical Communications, 2005, (17): 2226-2228.

[13] Weidlich, C. , Mangold, K. M. , J ü ttner, K. EQCM study of the ion exchange behaviour of polypyrrole with different counterions in different electrolytes [J] . Electrochimica Acta, 2005, 50(7-8): 1547-1552.

[14] Weidlich, C. , Mangold, K. -M. Electrochemically switchable polypyrrole coated membranes [J] . Electrochimica Acta, 2011, 56(10): 3481-3484.

[15] Kim, L. T. T. , Gabrielli, C. , Pailleret, A. , et al. Ions/Solvent Exchanges and Electromechanical Processes in Hexasulfonated Calix [6] Arene Doped Polypyrrole Films: Towards a Relaxation Mechanism [J] . Electrochemical and

Solid-State Letters, 2011, 14(11): F9-F11.

[16] Bai, H. , Xu, Y. , Zhao, L. , et al. Non-covalent functionalization of graphene sheets by sulfonated polyaniline [J]. Chemical Communications, 2009, (13): 1667-1669.

[17] Cui, H. , Li, Q. , Qian, Y. , et al. Defluoridation of water via electrically controlled anion exchange by polyaniline modified electrode reactor [J]. water research, 2011, 45(17): 5736-5744.

[18] Zhang, Y. , Mu, S. , Deng, B. , et al. Electrochemical removal and release of perchlorate using poly(aniline-co-o-aminophenol) [J]. Journal of Electroanalytical Chemistry, 2010, 641(1-2): 1-6.

[19] Sonmez, G. , Schottland, P. , Reynolds, J. R. PEDOT/PAMPS: An electrically conductive polymer composite with electrochromic and cation exchange properties [J]. Synthetic Metals, 2005, 155(1): 130-137.

[20] Plieth, W. , Bund, A. , Rammelt, U. , et al. The role of ion and solvent transport during the redox process of conducting polymers [J]. Electrochimica Acta, 2006, 51(11): 2366-2372.

[21] Kong, Y. , Li, W. , Wang, Z. , et al. Electrosorption behavior of copper ions with poly(m-phenylenediamine) paper electrode [J]. Electrochemistry Communications, 2013, 26(0): 59-62.

[22] Sirivisoot, S. , Pareta, R. , Webster, T. J. Electrically controlled drug release from nanostructured polypyrrole coated on titanium [J]. Nanotechnology, 2011, 22(8): 085101.

[23] Esrafilzadeh, D. , Razal, J. M. , Moulton, S. E. , et al. Multifunctional conducting fibres with electrically controlled release of ciprofloxacin [J]. Journal of Controlled Release, 2013, 169(3): 313-320.

[24] Alizadeh, N. , Shamaeli, E. Electrochemically controlled release of anticancer drug methotrexate using nanostructured polypyrrole modified with cetylpyridinium: Release kinetics investigation [J]. Electrochimica Acta, 2014, 130: 488-496.

[25] Ameli, A. , Alizadeh, N. Nanostructured conducting molecularly imprinted polymer for selective uptake/release of naproxen by the electrochemically controlled sorbent [J]. Analytical biochemistry, 2012, 428(2): 99-106.

[26] Liang, J. , Jiao, Y. , Jaroniec, M. , et al. Sulfur and nitrogen dual-doped mesoporous graphene electrocatalyst for oxygen reduction with synergistically enhanced performance [J]. Angew Chem Int Ed Engl, 2012, 51(46): 11496-11500.

[27] Le, X. T. , Jégou, P. , Viel, P. , et al. Electro-switchable surfaces for heavy metal waste treatment: Study of polyacrylic acid films grafted on gold surfaces [J]. Electrochemistry Communications, 2008, 10(5): 699-703.

[28] Le, X. T. , Viel, P. , Jegou, P. , et al. Electrochemical-switchable polymer film:

An emerging technique for treatment of metallic ion aqueous waste [J]. Separation and Purification Technology, 2009, 69 (2): 135-140.

[29] Le, X. T. , Viel, P. , Sorin, A. , et al. Electrochemical behaviour of polyacrylic acid coated gold electrodes: An application to remove heavy metal ions from wastewater [J]. Electrochimica Acta, 2009, 54 (25): 6089-6093.

[30] Zhang, Y. , Li, Q. , Tang, R. , et al. Electrocatalytic reduction of chromium by poly(aniline-co-o-aminophenol): An efficient and recyclable way to remove Cr (Ⅵ) in wastewater [J]. Applied Catalysis B: Environmental, 2009, 92(3-4): 351-356.

[31] Ding, L. , Li, Q. , Cui, H. , et al. Electrocatalytic reduction of bromate ion using a polyaniline-modified electrode: An efficient and green technology for the removal of BrO_3^- in aqueous solutions [J]. Electrochimica Acta, 2010, 55 (28): 8471-8475.

[32] Ding, L. , Li, Q. , Zhou, D. , et al. Modification of glassy carbon electrode with polyaniline/multi-walled carbon nanotubes composite: Application to electro-reduction of bromate [J]. Journal of Electroanalytical Chemistry, 2012, 668 (0): 44-50.

[33] Burgmayer, P. , Murray, R. W. An ion gate membrane: electrochemical control of ion permeability through a membrane with an embedded electrode [J]. Journal of the American Chemical Society, 1982, 104 (22): 6139-6140.

[34] Davey, J. M. , Ralph, S. F. , Too, C. O. , et al. Electrochemically controlled transport of metal ions across polypyrrole membranes using a flow-through cell [J]. Reactive and Functional Polymers, 2001, 49 (2): 87-98.

[35] Akieh, M. N. , Ralph, S. F. , Bobacka, J. , et al. Transport of metal ions across an electrically switchable cation exchange membrane based on polypyrrole doped with a sulfonated calix [6] arene [J]. Journal of Membrane Science, 2010, 354 (1-2): 162-170.

3 电控离子交换材料及其制备过程

3.1 引言

电控离子交换材料泛指可以通过物理或者电化学反应产生或者获取电子响应的功能材料。具体包括电化学材料、铁电材料、压电材料、光电材料、介电材料、超导体和其他功能材料[1]。

该系列材料可以被广泛地应用于能源储存、电子工业、环境和生物检测以及航空等领域。

近年来，随着能源危机和环境问题的日益突出，电活性材料的研发与应用受到越来越多的关注。在众多电活性材料中，电活性离子交换材料（Electroactive Ion Exchange Materials）是一类具有独特性能的功能材料，如图 3-1 所示。这类复合材料可以通过化学或者电化学方法沉淀到导电基体上，并且通过调节电极电位可以实现电活性离子交换材料可

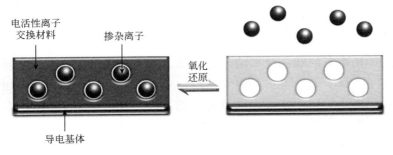

图 3-1 电活性离子交换材料在氧化还原过程中的离子交换机理

逆的氧化还原[2]。同时,在其氧化还原过程中产生的多余电荷可以通过离子的置入与释放进行补偿。因此,通过控制电活性离子交换材料的氧化还原电位可以实现离子可逆的置入与释放。

迄今为止,已经开发的电活性离子交换材料主要包括两大类:无机的过渡金属铁氰化物及其类似物和有机的导电聚合物。

(1) 过渡金属铁氰化物及其类似物 (MHCFs)

MHCFs 是一类极其稳定的金属配位化合物[3]。基于其独特的电化学、电致变色、磁学以及电催化性能,MHCFs 被广泛地应用于钠离子和钾离子电池[3]、超级电容器[4]、离子分离[5]、电致变色显示器[6]、电化学传感器[7]、生物传感器[8] 以及其他领域。在可逆的氧化还原过程中,MHCFs 同时表现出电子导电性和离子导电性。其中,电子交换主要发生在 MHCFs 配位中心的变价过渡金属与电极基体之间,而离子交换则主要发生在溶液与 MHCFs 的类沸石空腔之间。

(2) 有机的导电聚合物

导电聚合物结合了传统有机物和金属两者的共同特点而被称为“合成金属”。近年来,大量的研究关注于导电聚合物充放电过程中的离子交换行为[9]。当导电聚合物主链发生可逆的氧化或者还原反应时,其高分子主链会产生相应的正电荷或者负电荷。此时,溶液中的抗衡离子会在膜内电场变化的作用下被置入或置出膜外。而且,导电聚合物的导电性、溶胀性、电致变色、电催化以及机械性能会伴随离子的置入与置出发生显著的变化。基于这些独特的性能,导电聚合物被广泛应用于超级电容器、传感器、制动器、电致变色仪器、晶体管以及其他领域[10]。

总而言之,无机的 MCHFs 以及有机的导电聚合物作为典型的电活性离子交换材料在各领域发挥着重要的作用。然而,在具体的应用过程中仍然存在诸多问题。通常情况下,电活性离子交换材料在氧化还原过程中实际的离子交换容量要小于其理论的最大值。其原因主要是由于电化学材料内层的活性物质无法被充分的利用。此外,就无机的 MHCFs 而言,该类化合物具有优良的热稳定和机械稳定性,但其导电性能相对较低。相比而言,导电聚合物通过掺杂离子可以达到较高的电导率,但是在氧化还原过程中,导电聚合物的体积变化(溶胀、收缩、开裂或者折断）、质量损失及其不可逆的过氧化反应，都会使其在反复充放电过程中稳定性显著下降[11]。

针对以上问题，近年来科研人员提出一系列有效的措施。

1）随着纳米技术和纳米科学取得的显著成就，开发纳米结构的电活性离子交换材料成为当前的一个重要研究领域。相比于其致密的块状结构，纳米结构的电活性离子交换材料具有高的比表面积、相对较短的电荷和离子传递路径以及低的界面阻抗。

2）通过开发电活性离子交换材料与新型碳材料的复合型材料以提高其导电性和机械性能。

3）合成有机和无机杂化的电活性离子交换材料，通过二者的协同效应实现复合材料性能的提升。

3.2　电活性离子交换材料的分类

3.2.1　无机电活性离子交换材料

过渡金属铁氰化物（MHCFs）是一类以过渡金属为中心的无机配位化合物，其通式为 $A_h M_k [Fe(CN)_6]_l \cdot m H_2O$，其中 h、k、l、m 为化学计量数，A 为碱金属离子，M 为过渡金属离子[12]。一般而言，采用不同过渡金属 M 合成的 MHCFs 具有不同的物理性能和化学性能。

铁氰化铁（FeHCF）又被称为普鲁士蓝，是 MHCFs 中一种基本的原型。普鲁士蓝有两种不同的结构：可溶性结构 $[A_4 Fe_4^{III} (Fe^{II} (CN)_6)_4]$ 和不可溶性结构 $[Fe_4^{III} (Fe^{II} (CN)_6)_3]$[7]。此处的可溶与不可溶并非指其真实的溶解度，而是对应铁氰化铁形成胶体溶液的趋势[7]。如图 3-2 所示，图 3-2（a）对应可溶性 FeHCF 的晶体结构，其中 Fe^{II} 和 Fe^{III} 通过 C≡N 键相连接交替出现于立方体晶格的中心。其中，Fe^{II} 与碳原子连接，而 Fe^{III} 与 N 原子相连[13]。碱金属离子 A 位于 FeHCF 的晶体空腔中保持电荷平衡。图 3-2（b）所示为不可溶 FeHCF 的晶体结构，由于晶胞中缺少相应的碱金属离子，因此出现 1/4 的 $Fe^{II}(CN)_6^{4-}$ 空缺用于平衡电荷[14]。

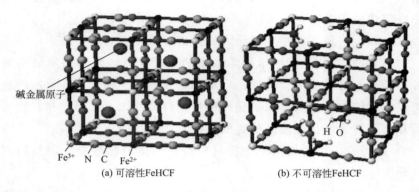

碱金属原子

Fe³⁺ N C Fe²⁺

(a) 可溶性FeHCF

H O

(b) 不可溶性FeHCF

图 3-2 铁氰化铁（FeHCF）晶体结构[14]

可溶和不可溶的 FeHCF 都可以在含有阳离子 A^+ 和阴离子 B^- 的溶液中，通过电化学氧化和还原实现离子交换，其反应方程如下[7]：

$$A_4Fe_4^{III}[Fe^{II}(CN)_6]_4 + 4A^+ + 4e^- \rightleftharpoons A_8Fe_4^{II}[Fe^{II}(CN)_6]_4$$

$$(3\text{-}1)$$

$$A_4Fe_4^{III}[Fe^{II}(CN)_6]_4 \rightleftharpoons 4A^+ + 4e^- + Fe_4^{III}[Fe^{III}(CN)_6]_4$$

$$(3\text{-}2)$$

$$Fe_4^{III}[Fe^{II}(CN)_6]_3 + 4A^+ + 4e^- \rightleftharpoons A_4Fe_4^{II}[Fe^{II}(CN)_6]_3 \qquad (3\text{-}3)$$

$$Fe_4^{III}[Fe^{II}(CN)_6]_3 + 3B^- \rightleftharpoons 3e^- + Fe_4^{III}[Fe^{III}(CN)_6B]_3 \qquad (3\text{-}4)$$

式（3-1）对应可溶普鲁士蓝和普鲁士白；式（3-2）对应可溶普鲁士蓝和 Berlin 绿；式（3-3）对应不可溶普鲁士蓝和普鲁士白；式（3-4）对应不可溶普鲁士蓝和 Berlin 绿。一般而言，普鲁士蓝在酸性溶液中具有良好的电催化活性，然而在中性或碱性溶液中，普鲁士蓝的稳定性和导电性都会显著降低[15]。

在 MHCFs 的家族中，铁氰化镍（NiHCF）作为一种性能优异的普鲁士蓝类似物而备受关注。一方面，NiHCF 对碱金属离子表现出优良的离子交换性能；另一方面，NiHCF 在较宽的 pH 值范围内尤其在碱性溶液中，仍然可以保持良好的稳定性。如图 3-3 所示，与 FeHCF 类似，NiHCF 同样存在可溶和不可溶两种结构。与普鲁士蓝中两个 Fe 中心都可以被氧化还原不同，NiHCF 中只有 Fe^{II}/Fe^{III} 中心可以参与氧化还原，Ni 离子则始终维持正二价。因此比较而言，NiHCF 的电氧化

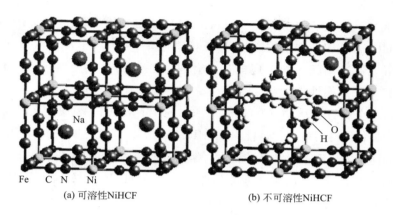

(a) 可溶性NiHCF　　　　　　　(b) 不可溶性NiHCF

图 3-3　NiHCF 的晶体结构

还原活性相对较低。与 FeHCF 类似，可溶和不可溶的 NiHCF 在氧化还原过程中会伴随碱金属离子交换，其具有如下反应：

$$Na_4Ni_4^{II}[Fe^{III}(CN)_6]_4+4Na^++4e^- \rightleftharpoons Na_8Ni_4^{II}[Fe^{II}(CN)_6]_4 \quad (3-5)$$

$$NaNi_4^{II}[Fe^{III}(CN)_6]_3+3Na^++3e^- \rightleftharpoons Na_4Ni_4^{II}[Fe^{II}(CN)_6]_3 \quad (3-6)$$

　　基于这一反应，NiHCF 在还原为亚铁氰化镍时，其晶体结构并未发生变化，只是通过离子的置入与释放实现了电荷平衡。

　　铁氰化铜（CuHCF）同样是一种重要的普鲁士蓝类似物，在不同的碱金属溶液中可以表现出良好的可逆和再生活性[16]。此外，在 CuHCF 的晶体结构中，Cu^I/Cu^{II} 在一定情况下可以实现可逆的氧化还原，从而提高其离子交换容量和电催化活性。但是，由于在 Cu^{II} 还原的过程中，CuHCF 的结构会从立方体向四方体转变，从而诱发 CuHCF 的容量和稳定性在氧化还原过程中迅速衰减。

　　铁氰化钴（CoHCF）与 CuHCF 类似，在可逆的氧化还原过程中，Fe^{III}/Fe^{II} 和 Co^{III}/Co^{II} 可以同时参与反应。而且，CoHCF 中 Co 离子的电子可以在 Co 和 Fe 之间传递，进而实现 Co^{II}（高自旋）-Fe^{III} 和 Co^{III}（低自旋）-Fe^{II} 之间的转变[17]。

　　除以上常见的 MHCFs 外，一些研究还关注 ZnHCF[18]、MnHCF[19]、YHCF[20]、AgHCF[21]、PdHCF[22]、PtHCF[23]、DyHCF[24] 和 SnHCF[25] 等。而且，如果在 MHCF 的制备过程中掺杂结构类似的金属离子，可以

实现双金属铁氰化物的合成。迄今为止，已经合成的双金属铁氰化物有 NiFeHCF[26]、CuCoHCF[27]、CoFeHCF[28]、FeMnHCF[29]、CoMnHCF[30]、NiPdHCF[31] 和 NiCoHCF[32] 等。相比于单一的 MHCF，双金属铁氰化物可以通过调配不同金属的比例，进而在晶格尺度上实现结构优化，改善其离子交换性能和稳定性。

过渡金属钌氰化物（MHCRus）是一类与 MHCFs 类似的无机配位化合物，具备优良的电催化性能。在 MHCRus 中，钌氰化铁（FeHCRus）受到的关注较多。钌氰化铁又被称为钌紫，其通式为 $AFe_x[Ru(CN)_6]_y$，其中 A 为碱金属离子。FeHCRus 的晶体结构与 MHCF 类似，Ru 和 Fe 分别交替出现于面心立方体晶格的中心。其中低自旋的 Ru 离子与 C 连接，而高自旋的 Fe 与 N 连接，通过 Fe^{III}-N-C-Ru^{II} 的形式构成三维网状结构。除了 MHCRus 以外，具有类似结构的衍生物还包括过渡金属钴氰化物（MHCCos）等[33~37]。

以上所述为常见的无机电活性离子交换材料，这一类材料在电化学氧化和还原过程中，伴随电子在电极与活性材料之间传递，可以实现对碱金属离子的交换。基于这些特征，该类材料可以被应用于碱金属离子分离、碱金属离子电池、电活性催化等领域。

3.2.2 有机电活性离子交换材料

1977 年，首次发现电导率约为 $10^{-5}\,\Omega/cm$ 的聚乙炔经过氧化或还原并伴随离子掺杂之后，其电导率可以提升 10^8 倍达到 $10^3\,\Omega/cm$[38]。此后，相继发现一系列具有高电子导电性的聚合物，例如聚吡咯（PPy）、聚苯胺（PANI）、聚噻吩（PTh）、聚亚乙基二氧噻吩（PEDOT）及其衍生物。图 3-4 所示为部分已发现的不同导电聚合物的分子结构。迄今为止，导电聚合物已经被广泛应用于储能、离子交换、传感器、电分析、电致变色、电催化、电子器件、腐蚀防护等[39]。

导电聚合物在不同氧化还原过程中的导电机理和电荷传递过程相对复杂[40]。简而言之，导电聚合物的导电性主要有两个因素：其一，聚合物成为本征导电聚合物的前提是需要具备单双键交替的共轭结构[40]。然而仅仅具备这一结构仍然无法使其导电，还需要引入电荷传递所需的

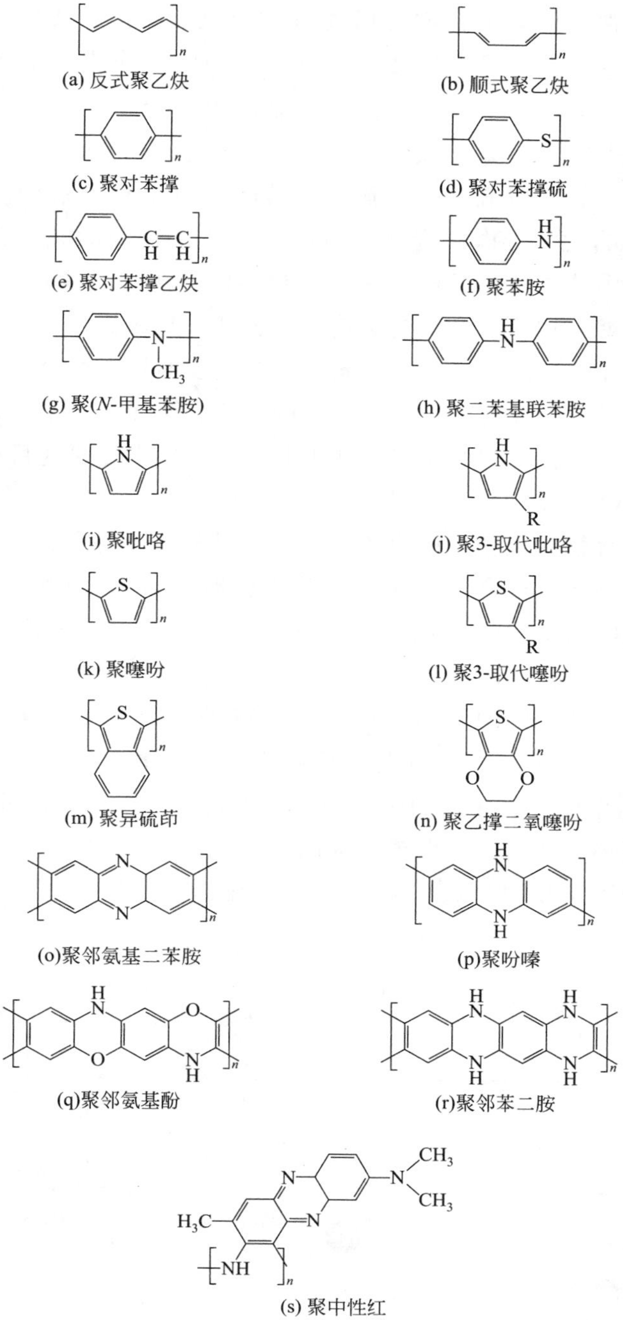

(a) 反式聚乙炔

(b) 顺式聚乙炔

(c) 聚对苯撑

(d) 聚对苯撑硫

(e) 聚对苯撑乙炔

(f) 聚苯胺

(g) 聚(N-甲基苯胺)

(h) 聚二苯基联苯胺

(i) 聚吡咯

(j) 聚3-取代吡咯

(k) 聚噻吩

(l) 聚3-取代噻吩

(m) 聚异硫茚

(n) 聚乙撑二氧噻吩

(o)聚邻氨基二苯胺

(p)聚吩嗪

(q)聚邻氨基酚

(r)聚邻苯二胺

(s) 聚中性红

图 3-4　不同导电聚合物的分子结构

载流子。通常，导电聚合物可以通过部分氧化（p掺杂）引入电子受体，或者通过部分还原（n掺杂）引入电子施主作为电荷传递的载流子。因此，导电高分子产生较高电导率的第二个主要因素就是离子掺杂。通过离子掺杂，聚合物主链上会产生载流子，包括孤子、极化子和双极化子，并通过载流子在离域的高分子主链上移动进而实现电荷传递[41]。总而言之，导电聚合物之所以可以产生较高的导电性主要是由于共轭体系中的离域电子可以在聚合物链内、链间或者域间自由传递。因此，导电聚合物的电导率会受其极化长度、共轭长度、掺杂程度、分子取向、结晶度和纯度的影响。起初，在众多的导电聚合物中，聚乙炔基于其简单的分子共轭结构受到广泛的关注。然而，由于其合成困难且在空气中易被氧化，因此难以实现工业化。近年来，研究目标主要集中在PPy、PANI、PEDOT及其衍生物。

　　导电聚合物在聚合过程中，需要借助离子掺杂引入载流子，进而产生导电性。当导电聚合经历电化学氧化还原时，掺杂的离子会在聚合物内电场变化的情况下置入或置出膜内，进而保持电荷平衡。以PPy为例，如图3-5所示，导电PPy在电化学氧化聚合的过程中，其主链带正电荷。此时，溶液中的阴离子作为抗衡离子掺杂到PPy中以保持PPy的电中性。当生成的PPy被电化学还原时，其主链的正电荷消失，为保持PPy的电中性，膜内的阴离子会置出膜外。然而，如图3-5中第二种情况，当掺杂的离子为聚苯乙烯磺酸根离子（PSS^{n-}）时，由于其分子链较长难以从膜内释放出来。因此，当PPy发生电化学还原时，溶

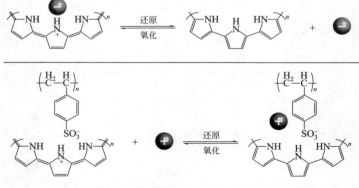

图 3-5　掺杂不同离子 PPy 的电控离子交换机理

液中的阳离子会置入膜内平衡其还原产生的负电荷。具体离子交换反应方程如下：

$$PPy^+ \cdot A^- + e^- \rightleftharpoons PPy + A^- \tag{3-7}$$

$$PPy^+ \cdot A^- + C^+ + e^- \rightleftharpoons PPy \cdot A^- \cdot C^+ \tag{3-8}$$

基于这一特点，PPy 可以掺杂不同的阴离子而制备出针对不同阴离子或者阳离子具有选择性分离功能的离子交换膜。

3.2.3 有机无机杂化电活性离子交换材料

一般而言，无机的 MHCFs 具有较高的离子交换容量、良好的热稳定性以及高的离子选择性，但是受到导电性差以及难以成膜的限制。而对于有机导电聚合物而言，其优点是容易电化学成膜，而缺点是稳定性和机械性能相对较差。基于有机和无机材料之间互补的性能，合成有机无机杂化材料有望通过二者的协同效应显著改善电活性离子交换材料的电化学性能。

在有机无机杂化的电活性离子交换材料领域，导电聚合物和 MHCFs 是一类非常重要的杂化体系。因为，导电聚合物的主链主要带正电荷，而 MHCFs 颗粒主要带负电荷。因此，二者可以通过静电相互作用形成复合膜。此外，通过与新型碳材料例如 CNTs、石墨烯或者氧化石墨烯复合可以显著提高电活性离子交换材料杂化膜的电活性，机械强度和电导率等性能。

3.3 电活性离子交换材料的合成

3.3.1 无机电活性离子交换材料的合成

MHCFs 的合成原理主要是基于溶液中金属离子和铁氰根离子通过配位络合反应制备而成。因此，MHCFs 可以在含对应的金属离子和铁氰根离子的混合溶液中，通过化学和电化学方法合成。此外，在电化学合成过程中，金属离子可以直接加入混合溶液与铁氰根反应，同样采用对应的金属作为工作电极，通过电化学氧化将金属溶解为离子后，再与溶液中的铁氰根在电极表面发生配位络合反应，也可以形成相应的 MHCFs 膜。由于铁氰根 $[Fe(CN)_6^{3-}]$ 与亚铁氰根 $[Fe(CN)_6^{4-}]$ 具有相同的空间结构，因此，通过金属离子与亚铁氰根发生配位反应可以生成相应的亚铁氰化物。

就普鲁士蓝而言，FeHCF 可以通过 Fe^{3+} 和 $Fe(CN)_6^{4-}$ [或 Fe^{2+} 和 $Fe(CN)_6^{3-}$] 在水溶液中直接沉淀制得。然而，由于普鲁士蓝较低的溶解度，Fe^{3+} 和 $Fe(CN)_6^{4-}$ 会发生极快速的沉淀反应，进而形成普鲁士蓝块状沉淀。这一紧致的结构不利于普鲁士蓝内层电活性材料的充分利用。针对这些问题，研究人员将关注点转向了合成纳米结构的普鲁士蓝。近年来，已相继合成出一系列不同纳米结构的普鲁士蓝，例如纳米球、纳米立方体颗粒、纳米线、纳米管和纳米片等。制备纳米结构普鲁士蓝的主要方法是降低其成核速率的同时抑制其晶体增长。

模板法是合成纳米材料最有效的手段，常规的模板分为软模板以及硬模板，其中软模板主要是利用各种双亲分子在溶液中排列形成的有序结构定向引导目标物合成，例如液晶、胶团、微乳液、囊泡、Langmuir-Blodgett 膜、高分子自组装结构以及生物大分子等。硬模板主要是指具有特定结构的刚性材料，例如腐蚀氧化铝模板和聚乙烯吡咯烷酮等。在合成纳米普鲁士蓝的过程中，采用不同的模板可以合成出不同形貌的结构（见图 3-6）。如图 3-6（a）所示，在反向微乳液中，通过光还原 $Fe(C_2O_4)_3^{3-}$ 生成的 Fe^{2+} 与 $Fe(CN)_6^{3-}$ 络合可以形成一种均匀纳米尺度的普鲁士蓝颗粒，通过改变反应物浓度可以有效地将其平均尺寸从 12nm 调节到 54nm[42]。如图 3-6（b）所示，Liang 等采用细乳液聚合法制备出一种普鲁士蓝纳米壳[43]。与普鲁士蓝纳米颗粒不同，这一刚性的空壳可以装载不同的材料，应用于传感器、生物医学以及催化剂固定。

Wu 等[44] 报道了一种单一源合成法用于普鲁士蓝纳米颗粒的合成。将 $K_4Fe(CN)_6$ 作为单一源溶解到盐酸溶液中，在酸性溶液中，$Fe(CN)_6^{4-}$ 先被分解为 Fe^{2+}，随后被氧化为 Fe^{3+}。生成的 Fe^{3+} 再与溶液中未分解的 $Fe(CN)_6^{4-}$ 进行沉积反应合成普鲁士蓝。如图 3-6（c）所示，生成的普鲁士蓝显示出均匀的立方体形貌。

水热合成法同样是制备普鲁士蓝纳米颗粒的一种有效手段。如图 3-6（d）所示，Hu 等[45] 采用单一源 $K_3Fe(CN)_6$ 在水热釜中合成一种

图 3-6 不同结构普鲁士蓝的透射电镜和扫描电镜图片[42~46]

普鲁士蓝纳米颗粒。为改善其表面积，将制备好的普鲁士蓝纳米颗粒通过可控的自腐蚀反应，可以在其表面上形成如图 3-6（e）所示的均匀孔道。如图 3-6（f）所示，Qu 等[46] 采用直接电沉积技术在聚碳酸酯模板上合成出一种普鲁士蓝纳米线。Zheng 等[47] 将 $K_3Fe(CN)_6$ 和还原剂葡萄糖置入水热反应釜中，合成出一种普鲁士蓝微米立方体。其研究表明，在给定的条件下普鲁士蓝的生长遵循一种非经典晶体增长过程。除化学合成法以外，还可以采用电化学和光化学方法在导电模板上制备纳米结构的普鲁士蓝。

　　纳米结构的普鲁士蓝与碳材料例如 CNTs 或者石墨烯等复合可以显著地改善其电导率和机械性能。Wang 等[48] 报道了一种 CNTs 和普鲁士蓝的复合方法，先将 CNTs 置入 $K_3Fe(CN)_6$ 溶液中超声处理使 $Fe(CN)_6^{3-}$ 置入 CNTs 中，然后加入 $FeSO_4$ 与 CNTs 中的 $Fe(CN)_6^{3-}$ 反应，生成如图 3-7（a）中所示的 CNTs 包埋的普鲁士蓝纳米颗粒。Nossol 等[49] 利用铁源作为催化剂合成 CNTs，然后利用 CNTs 上溶解

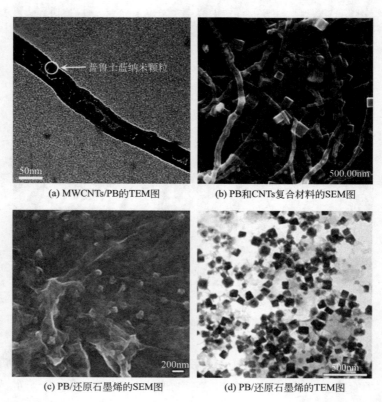

(a) MWCNTs/PB的TEM图　　　　　(b) PB和CNTs复合材料的SEM图

(c) PB/还原石墨烯的SEM图　　　　　(d) PB/还原石墨烯的TEM图

图 3-7　MWCNTs/PB 的 TEM 图[48]，PB 和 CNTs 复合材料的 SEM 图[49]，
PB/还原石墨烯的 SEM 和 TEM 图[50]

的 Fe^{2+} 与溶液中 $Fe(CN)_6^{3-}$ 反应形成碳纳米管-普鲁士蓝复合物，其形貌如图 3-7 (b) 所示。

石墨烯、氧化石墨烯或还原氧化石墨烯是一类新型的二维碳材料，具有高的比表面积、优良的机械稳定性和化学惰性。更重要的是其粗糙多孔的结构有利于普鲁士蓝纳米颗粒的生长。如图 3-7 (c) 和 (d) 所示，Chen 等[50] 通过一种绿色的方法制备出一种普鲁士蓝/还原石墨烯纳米复合材料。在该合成过程中，采用蘑菇提取液作为还原剂将单一源 $Fe(CN)_6^{3-}$ 还原为 Fe^{2+}，再与未被还原的 $Fe(CN)_6^{3-}$ 在石墨烯上生成普鲁士蓝纳米颗粒。

NiHCF 可以在 Ni^{2+} 与 $Fe(CN)_6^{3-}$ 的混合溶液中，通过二者之间的化学沉淀反应直接制备而成。此外，在相同的溶液中，通过阴极还原沉积法将 $Fe(CN)_6^{3-}$ 还原为 $Fe(CN)_6^{4-}$ 后，可以与 Ni^{2+} 在电极表面沉淀生成亚铁氰化镍。Rassat 等通过阳极氧化法将金属镍氧化为 Ni^{2+}，再与溶液中的 $Fe(CN)_6^{4-}$ 在电极表面反应生成亚铁氰化镍。

基于 NiHCF 相对较低的电活性，可以通过改善其微观形貌，或者与碳材料复合进而有效地改善其电活性。如图 3-8 (a) 所示，Wessells 等[51] 采用化学沉淀法在前躯体浓度较低的溶液中合成一种 NiHCF 纳米颗粒。在这一 NiHCF 纳米颗粒的氧化还原过程中，其开放的结构有利于 Na^+ 在 NiCHF 内部快速的传递，显著提高了该材料在钠离子电池领域的应用前景。Yang 等[52] 在还原石墨烯上采用聚二烯丙基二甲基氯化铵（PDDA）作为稳定剂制备出一种 NiHCF 立方体颗粒，其形貌如图 3-8 (b) 所示。其中，PDDA 不仅作为稳定剂同时还作为连接剂固定 NiHCF 纳米立方体。如图 3-8 (c) 所示，Jiang 等[53] 采用模板法在 Ni 基体上合成一种花状的 NiHCF 纳米片，该 NiHCF 显示出良好的稳定性。Xia 等[54] 通过动电位沉积法在多孔氧化铝模板上合成出一种 NiHCF 纳米管，其结构如图 3-8 (d) 所示，这一结构较高的比表面积有利于提高其离子交换容量。

其他过渡金属铁氰化物的合成与 NiHCF 类似，主要通过相应的金属离子与 $Fe(CN)_6^{3-}$ 发生沉积反应而得。同时，可以通过与新型碳材料复合进而有效地提高 MHCFs 的电活性和机械性能。

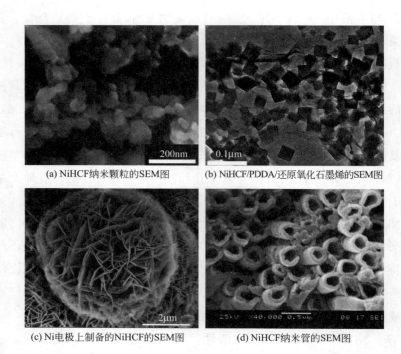

(a) NiHCF纳米颗粒的SEM图　　　　(b) NiHCF/PDDA/还原氧化石墨烯的SEM图

(c) Ni电极上制备的NiHCF的SEM图　　　　(d) NiHCF纳米管的SEM图

图 3-8　NiHCF 纳米颗粒的 SEM 图[51]，NiHCF/PDDA/还原氧化石墨烯的 SEM 图[52]，Ni 电极上制备的 NiHCF 的 SEM 图[53]，NiHCF 纳米管的 SEM 图[54]

3.3.2　有机电活性离子交换材料的合成

导电聚合物可以通过化学氧化或电化学氧化法合成，其中在化学氧化合成过程中常用的氧化剂为过硫酸铵、Fe^{3+} 或其他过渡金属离子、IO_3^- 和 H_2O_2。而电化学聚合法主要通过外电路提供聚合物单体氧化所需的能力。常规的电化学合成方法主要包括恒电位、恒电流、脉冲电位、脉冲电流和循环伏安法等。与化学合成法相比，电化学方法可以将导电聚合物直接沉积到电极表面，而且聚合物的沉积量可以根据聚合时间进行调控。

近年来，由于纳米尺度的材料可以提供高的比表面积以及相对较短的电荷/离子传递路径，纳米结构的导电聚合物受到大量的关注。一般而言，根据不同的纳米结构可以将导电聚合物的形貌分为一维的纳米线、纳米棒、纳米纤维和纳米管；以及其他维度的纳米片、纳米球和纳米微囊等。

一维纳米结构的导电聚合物具备高纵横比，可以有效地传递载流子并降低离子传递阻力。一维导电聚合物的合成方法主要包括模板法和非模板法，而模板法又分为软模板法和硬模板法；其中，常用的硬模板主要有多孔膜材料、阳极氧化铝、嵌段共聚物、CNTs以及一维的 V_2O_5 或 MnO_2 纳米棒等[11]。然而，硬模板在材料合成以后通常难以被移除，如果强行移除模板，容易破坏纳米材料的微观结构。

与之相反，软模板在合成纳米导电聚合物之后可以被轻松地移除，同时不破坏材料的纳米结构。使用软模板可以通过自组装形成具有定向结构的反应空间，为聚合物提供反应场所的同时限制其沿特定方向生长。迄今为止，导电聚合物合成过程中，常用的软模板包括表面活性剂胶团、胶团颗粒、樟脑磺酸、环糊精以及液晶等。

如图 3-9（a）所示，Xia 等[55] 采用 $H_2PO_4^-$、HPO_4^{2-} 和 TsO^- 等离子作为模板，在 Pd 修饰质子交换膜上制备出一种 PPy 纳米线阵列。PPy 主链在 Pd 纳米颗粒的诱导下成核并沿电场方向垂直聚合生长，进而形成均匀的纳米线阵列。Fu 等[56] 利用十六烷基三甲基溴化铵（CTAB）作为软模板合成出一种 CNTs/PPy 纳米线，其结构如图 3-9（b）所示。包埋在 PPy 纳米线中的 CNTs 可以有效地改善其电导率。Li 等[57] 在石墨烯/CTAB 的悬浮溶液中通过原位聚合法制备出一种草酸根离子掺杂的 PPy 纳米线，如图 3-9（c）所示，该纳米线均匀地分布在氧化石墨烯纳米片表面。

此外，一维纳米结构的导电聚合物还可以在不借助模板的前提下，通过其他方法合成，例如自组装、电化学聚合、电纺丝、界面聚合、快速混合反应以及稀浓度聚合等。Wang 等[58] 通过原位稀浓度聚合法在碳纳米管织物上合成一种 PANI 纳米线，其结构如图 3-9（d）所示。基于碳纳米管织物的柔性，这一复合材料可以应用于柔性电容器。如图 3-9（e）和（f）所示，Feng 等[59] 采用电纺丝技术制备出一系列 PEDOT 微米纤维和微米管。

(a) PPy纳米线的SEM图

(b) CNTs/PPy纳米线的TEM图

(c) PPy纳米线的TEM图

(d) PANI纳米线的SEM图

(e) PEDOT微米纤维SEM图

(f) 微米管SEM图

图 3-9　PPy 纳米线的 SEM 图[55]，CNTs/PPy 纳米线的 TEM 图[56]，
PPy 纳米线的 TEM 图[57]，PANI 纳米线的 SEM 图[58]，PEDOT 微米纤维和
微米管的 SEM 图[59]

　　除一维的导电聚合物外，其他纳米结构的导电聚合物同样受到广泛的研究。导电聚合物纳米微球和纳米胶囊可以应用于药物传送、能源储存、超声检测以及核磁共振成像等。通常，导电聚合物纳米微球和纳米胶囊的合成需要借助相应的模板，例如阴离子表面活性剂或 Fe_3O_4 纳米颗粒等。如图 3-10（a）所示，Niu 等[60] 通过借助 Fe_3O_4 空心微球合成一种空壳型的 PPy 微米球。Yang 等[61] 采用界面合成方法制备出一种 PANI 纳米胶囊，其结构如图 3-10（b）所示。在合成过程中，苯胺单体溶于氯仿中，而过硫酸铵溶于水溶液中。之后将水相缓慢加入到有机相中，通过化学聚合即可以得到如图 3-10（b）所示的 PANI 纳米胶囊。

(a) PPy微球的TEM图

(b) PANI纳米微球的TEM图

(c) PANI/聚碳酸酯的SEM图

(d) 海胆状PANI微球的SEM图

图 3-10　PPy 微球的 TEM 图[60]，PANI 纳米微球的 TEM 图[61]，
PANI/聚碳酸酯的 SEM 图[62]，海胆状 PANI 微球的 SEM 图[63]

此外，通过利用不同的模板还可以合成具有不同纳米形貌的导电聚合物。如图 3-10（c）所示，Lu 等[62] 在蜂窝状的聚碳酸酯表面合成一层 PANI 层，该复合材料显示出优良的热稳定性。Kim 等[63] 通过自组装法制备出一种海胆型的 PANI 微球，其结构如图 3-10（d）所示。

3.3.3　有机无机杂化的电活性离子交换材料的合成

在有机无机杂化的电活性离子交换材料中，导电聚合物/MHCF 复合材料是一类非常重要的杂化体系。一般而言，导电聚合物和 MHCF 的合成方法主要包括多步合成法和一步合成法。其中，多步合成法主要包括 2 种策略。

1）先将 MHCF 通过化学或电化学方法合成到电极上，再将导电聚合物覆盖在 MHCF 表面。

2）将 MHCF 直接沉积到预先制备好的导电聚合物表面。

此外，DeLongchamp 等利用聚阳离子 PANI 和负电性的普鲁士蓝纳米颗粒之间的静电吸引，开发出一种层层自组装方法制备 PANI/普鲁士蓝复合膜，其膜的厚度随组装次数的增加而线性增加。

相比于多步合成法，一步聚合法具有简单、方便且成本低的优点。Talagaeva 等采用一步化学氧化还原反应制备出一种普鲁士蓝/PPy 复合材料。在该合成过程中，溶液中的 Fe^{3+} 作为氧化剂氧化聚合吡咯单体，其氧化产物 Fe^{2+} 再与溶液中的 $Fe(CN)_6^{3-}$ 反应生成 FeHCF。然而，采用化学方法合成的普鲁士蓝/PPy 复合材料难以涂覆到电极表面，进而限制其实际应用。

电化学方法可以直接将电活性材料制备到电极表面，从而有效地解决了有机无机杂化电活性离子交换材料难以加工成型的问题。Kong 等[64] 在石墨烯修饰的 Pt 电极上制备出一种 NiHCF/PANI 复合膜。其中苯胺中的苯环可以通过 π-堆积作用与 CNTs 紧密地结合在一起，进而增加其化学稳定性。

○ 参考文献

［1］ Ronkainen, N. J. , Halsall, H. B. , Heineman, W. R. Electrochemical biosensors［J］. Chemical Society Reviews, 2010, 39(5): 1747-1763.

［2］ Hillman, A. R. , Pickup, P. , Seeber, R. , et al. Electrochemistry of Electroactive Materials［J］. Electrochimica Acta, 2014, 122: 1-2.

［3］ Kong, B. , Selomulya, C. , Zheng, G. , et al. New faces of porous Prussian blue: interfacial assembly of integrated hetero-structures for sensing applications［J］. Chemical Society Reviews, 2015, 44(22): 7997-8018.

［4］ Zhao, F. , Wang, Y. , Xu, X. , et al. Cobalt Hexacyanoferrate Nanoparticles as a High-Rate and Ultra-Stable Supercapacitor Electrode Material［J］. ACS Applied Materials & Interfaces, 2014, 6(14): 11007-11012.

［5］ Vincent, C. , Barré, Y. , Vincent, T. , et al. Chitin-Prussian blue sponges for Cs（Ⅰ）recovery: From synthesis to application in the treatment of accidental dumping of metal-bearing solutions［J］. Journal of Hazardous Materials, 2015, 287(0): 171-179.

［6］ Lee, K. , Kim, A. Y. , Park, J. H. , et al. Effect of micro-patterned fluorine-doped tin oxide films on electrochromic properties of Prussian blue films［J］. Applied Surface Science, 2014, 313(0): 864-869.

［7］ Ricci, F. , Palleschi, G. Sensor and biosensor preparation, optimisation and applications of Prussian Blue modified electrodes［J］. Biosensors and Bioelectronics, 2005, 21(3): 389-407.

［8］ Husmann, S. , Nossol, E. , Zarbin, A. J. G. Carbon nanotube/Prussian blue paste electrodes: Characterization and study of key parameters for application as sensors for determination of low concentration of hydrogen peroxide［J］. Sensors and Actuators B: Chemical, 2014, 192(0): 782-790.

［9］ Weidlich, C. , Mangold, K. M. , Jüttner, K. Continuous ion exchange process based on polypyrrole as an electrochemically switchable ion exchanger［J］. Electrochimica Acta, 2005, 50(25-26): 5247-5254.

［10］ Ćirić-Marjanović, G. Recent advances in polyaniline research: Polymerization mechanisms, structural aspects, properties and applications［J］. Synthetic Metals, 2013, 177: 1-47.

［11］ Wang, K. , Wu, H. , Meng, Y. , et al. Conducting polymer nanowire arrays for high performance supercapacitors［J］. Small, 2014, 10(1): 14-31.

［12］ DeLongchamp, D. M. , Hammond, P. T. Multiple-color electrochromism from layer-by-layer-assembled polyaniline/Prussian blue nanocomposite thin films ［J］. Chemistry of Materials, 2004, 16(23): 4799-4805.

[13] Buser, H. J. , Schwarzenbach, D. , Petter, W. , et al. The crystal structure of Prussian Blue: Fe$_4$ [Fe(CN)$_6$] $_3$ · xH$_2$O [J] . Inorganic Chemistry, 1977, 16 (11): 2704-2710.

[14] Keggin, J. , Miles, F. Structures and formulæ of the Prussian blues and related compounds [J] . Nature, 1936, 137(7): 577-578.

[15] Dostal, A. , Meyer, B. , Scholz, F. , et al. Electrochemical study of microcrystalline solid Prussian blue particles mechanically attached to graphite and gold electrodes: electrochemically induced lattice reconstruction [J] . The Journal of Physical Chemistry, 1995, 99(7): 2096-2103.

[16] Makowski, O. , Stroka, J. , Kulesza, P. J. , et al. Electrochemical identity of copper hexacyanoferrate in the solid-state: evidence for the presence and redox activity of both iron and copper ionic sites [J] . Journal of Electroanalytical Chemistry, 2002, 532(1-2): 157-164.

[17] Yang, S. , Li, G. , Wang, G. , et al. A novel nonenzymatic H$_2$O$_2$ sensor based on cobalt hexacyanoferrate nanoparticles and graphene composite modified electrode [J] . Sensors and Actuators B: Chemical, 2015, 208(0): 593-599.

[18] Jassal, V. , Shanker, U. , Kaith, B. , et al. Green synthesis of potassium zinc hexacyanoferrate nanocubes and their potential application in photocatalytic degradation of organic dyes [J] . RSC Advances, 2015, 5(33): 26141-26149.

[19] Subramani, K. , Jeyakumar, D. , Sathish, M. Manganese hexacyanoferrate derived Mn$_3$O$_4$ nanocubes-reduced graphene oxide nanocomposites and their charge storage characteristics in supercapacitors [J] . Physical Chemistry Chemical Physics, 2014, 16(10): 4952-4961.

[20] Devadas, B. , Chen, S. M. Controlled electrochemical synthesis of yttrium (Ⅲ) hexacyanoferrate micro flowers and their composite with multiwalled carbon nanotubes, and its application for sensing catechin in tea samples [J] . Journal of Solid State Electrochemistry, 2015, 19(4): 1103-1112.

[21] Yang, C. -Y. , Hung, Y. -T. , Chen, S. -M. , et al. Farication of Silver Hexacyanoferrate and Functionlized MWCNT with Poly (3, 4-ethylenedioxythiophene) Hybrid Film Modified Electrode for Selectively Determination of Ascorbic Acid And Hydrazine [J] . Int. J. Electrochem. Sci, 2015, 10: 1128-1135.

[22] Razmi, H. , Azadbakht, A. , Sadr, M. H. Application of a palladium hexacyanoferrate film-modified aluminum electrode to electrocatalytic oxidation of hydrazine [J] . Analytical sciences, 2005, 21(11): 1317-1323.

[23] Liu, S. , Li, H. , Jiang, M. , et al. Platinum hexacyanoferrate: A novel Prussian Blue analogue with stable electroactive properties [J] . Journal of Electroanalytical Chemistry, 1997, 426(1-2): 27-30.

[24] Rajkumar, M. , Devadas, B. , Chen, S. -M. Electrochemical synthesis of dysprosium hexacyanoferrate micro stars incorporated multi walled carbon nano-

tubes and its electrocatalytic applications [J]. Electrochimica Acta, 2013, 105(0): 439-446.

[25] Hosseinzadeh, R., Sabzi, R. E., Ghasemlu, K. Effect of cetyltrimethyl ammonium bromide (CTAB) in determination of dopamine and ascorbic acid using carbon paste electrode modified with tin hexacyanoferrate [J]. Colloids and Surfaces B: Biointerfaces, 2009, 68(2): 213-217.

[26] Ghasemi, S., Hosseini, S. R., Asen, P. Preparation of graphene/nickel-iron hexacyanoferrate coordination polymer nanocomposite for electrochemical energy storage [J]. Electrochimica Acta, 2015, 160(0): 337-346.

[27] Abbaspour, A., Ghaffarinejad, A. Electrocatalytic oxidation of l-cysteine with a stable copper-cobalt hexacyanoferrate electrochemically modified carbon paste electrode [J]. Electrochimica Acta, 2008, 53(22): 6643-6650.

[28] Yu, H., Jian, X., Jin, J.,et al. Preparation of hybrid cobalt-iron hexacyanoferrate nanoparticles modified multi-walled carbon nanotubes composite electrode and its application [J]. Journal of Electroanalytical Chemistry, 2013, 700: 47-53.

[29] Yu, S., Li, Y., Lu, Y.,et al. A promising cathode material of sodium iron-nickel hexacyanoferrate for sodium ion batteries [J]. Journal of Power Sources, 2015, 275: 45-49.

[30] Mohan, A. V., Rambabu, G., Aswini, K.,et al. Electrocatalytic behaviour of hybrid cobalt-manganese hexacyanoferrate film on glassy carbon electrode [J]. Thin Solid Films, 2014, 565: 207-214.

[31] Kulesza, P. J., Malik, M. A., Schmidt, R.,et al. Electrochemical preparation and characterization of electrodes modified with mixed hexacyanoferrates of nickel and palladium [J]. Journal of Electroanalytical Chemistry, 2000, 487 (1): 57-65.

[32] Wang, Q., Tang, Q. Improved sensing of dopamine and ascorbic acid using a glassy carbon electrode modified with electrochemically synthesized nickel-cobalt hexacyanoferrate microparticles deposited on graphene [J]. Microchimica Acta, 2015, 182(3-4): 671-677.

[33] Chen, S.-M., Hsueh, S.-H. Iron Hexacyanoruthenate Films and Their Electrocatalytic Properties with Nitrite and Dopamine [J]. Journal of The Electrochemical Society, 2003, 150(10): D175-D183.

[34] Chi, B.-Z., Zeng, Q., Jiang, J.-H.,et al. Synthesis of ruthenium purple nanowire array for construction of sensitive and selective biosensors for glucose detection [J]. Sensors and Actuators B: Chemical, 2009, 140(2): 591-596.

[35] Mortimer, R. J., Varley, T. S. Synthesis, characterisation and in situ colorimetry of electrochromic Ruthenium purple thin films [J]. Dyes and Pigments, 2011, 89(2): 169-176.

[36] Jain, V., Sahoo, R., Jinschek, J. R., et al. High contrast solid state electro-chromic devices based on Ruthenium Purple nanocomposites fabricated by layer-by-layer assembly [J]. Chemical Communications, 2008, (31): 3663-3665.

[37] Razmi, H., Heidari, K. Electroless immobilization and electrochemical char-acteristics of nickel hexacyanoruthenate film at an aluminum substrate [J]. Electrochimica Acta, 2006, 51(7): 1293-1303.

[38] Chiang, C., Fincher Jr, C., Park, Y., et al. Electrical conductivity in doped polyacetylene [J]. Physical Review Letters, 1977, 39(17): 1098.

[39] Peng, X., Peng, L., Wu, C., et al. Two dimensional nanomaterials for flexi-ble supercapacitors [J]. Chemical Society Reviews, 2014, 43(10): 3303-3323.

[40] Gerard, M., Chaubey, A., Malhotra, B. Application of conducting polymers to biosensors [J]. Biosensors and Bioelectronics, 2002, 17(5): 345-359.

[41] Bredas, J. L., Street, G. B. Polarons, bipolarons, and solitons in conducting polymers [J]. Accounts of Chemical Research, 1985, 18(10): 309-315.

[42] Vaucher, S., Li, M., Mann, S. Synthesis of Prussian blue nanoparticles and nanocrystal superlattices in reverse microemulsions [J]. Angewandte Che-mie International Edition, 2000, 39(10): 1793-1796.

[43] Liang, G., Xu, J., Wang, X. Synthesis and characterization of organometal-lic coordination polymer nanoshells of prussian blue using miniemulsion pe-riphery polymerization (MEPP) [J]. Journal of the American Chemical Socie-ty, 2009, 131(15): 5378-5379.

[44] Wu, X., Cao, M., Hu, C., et al. Sonochemical synthesis of Prussian blue nanocubes from a single-source precursor [J]. Crystal growth & design, 2006, 6(1): 26-28.

[45] Hu, M., Furukawa, S., Ohtani, R., et al. Synthesis of Prussian Blue Nanop-articles with a Hollow Interior by Controlled Chemical Etching [J]. Ange-wandte Chemie, 2012, 124(4): 1008-1012.

[46] Qu, F., Shi, A., Yang, M., et al. Preparation and characterization of Prussian blue nanowire array and bioapplication for glucose biosensing [J]. Analyti-ca Chimica Acta, 2007, 605(1): 28-33.

[47] Zheng, X. J., Kuang, Q., Xu, T., et al. Growth of Prussian blue microcubes under a hydrothermal condition: possible nonclassical crystallization by a me-soscale self-assembly [J]. The Journal of Physical Chemistry C, 2007, 111 (12): 4499-4502.

[48] Wang, T., Fu, Y., Chai, L., et al. Filling Carbon Nanotubes with Prussian Blue Nanoparticles of High Peroxidase-Like Catalytic Activity for Colorimet-ric Chemo-and Biosensing [J]. Chemistry-A European Journal, 2014, 20(9): 2623-2630.

[49] Nossol, E., Nossol, A. B. S., Abdelhamid, M. E., et al. Mechanistic Insights

Gained by Monitoring Carbon Nanotube/Prussian Blue Nanocomposite Forma-
tion With in Situ Electrochemically Based Techniques [J] . The Journal of
Physical Chemistry C, 2014, 118(24): 13157-13167.

［50］ Chen, R. , Zhang, Q. , Gu, Y. ,et al. One-pot green synthesis of Prussian blue
nanocubes decorated reduced graphene oxide using mushroom extract for ef-
ficient 4-nitrophenol reduction [J] . Analytica Chimica Acta, 2015, 853(0):
579-587.

［51］ Wessells, C. D. , Peddada, S. V. , Huggins, R. A. , et al. Nickel hexacyanoferrate
nanoparticle electrodes for aqueous sodium and potassium ion batteries [J] .
Nano letters, 2011, 11(12): 5421-5425.

［52］ Yang, Y. , Hao, Y. , yuan, J. ,et al. In situ co-deposition of nickel hexacyano-
ferrate nanocubes on the reduced graphene oxides for supercapacitors [J] .
Carbon, 2015, 84(0): 174-184.

［53］ Jiang, H. , Xu, Y. -T. , Wang, T. , et al. Nickel hexacyanoferrate flower-like
nanosheets coated three dimensional porous nickel films as binder-free elec-
trodes for neutral electrolyte supercapacitors [J] . Electrochimica Acta,
2015, 166(0): 157-162.

［54］ Chen, W. , Xia, X. -H. Highly stable nickel hexacyanoferrate nanotubes for
electrically switched ion exchange [J] . Advanced Functional Materials,
2007, 17(15): 2943-2948.

［55］ Xia, Z. , Wang, S. , Li, Y. ,et al. Vertically oriented polypyrrole nanowire ar-
rays on Pd-plated Nafion® membrane and its application in direct methanol
fuel cells [J] . Journal of Materials Chemistry A, 2013, 1(3): 491-494.

［56］ Fu, H. , Du, Z. -j. , Zou, W. , et al. Carbon nanotube reinforced polypyrrole
nanowire network as a high-performance supercapacitor electrode [J] .
Journal of Materials Chemistry A, 2013, 1(47): 14943-14950.

［57］ Li, J. , Xie, H. , Li, Y. Fabrication of graphene oxide/polypyrrole nanowire
composite for high performance supercapacitor electrodes [J] . Journal of
Power Sources, 2013, 241(0): 388-395.

［58］ Wang, K. , Meng, Q. , Zhang, Y. ,et al. High-performance two-ply yarn su-
percapacitors based on carbon nanotubes and polyaniline nanowire arrays
[J] . Advanced Materials, 2013, 25(10): 1494-1498.

［59］ Feng, Z. -Q. , Wu, J. , Cho, W. ,et al. Highly aligned poly(3,4-ethylene dioxy-
thiophene) (PEDOT) nano- and microscale fibers and tubes [J] . Polymer,
2013, 54(2): 702-708.

［60］ Niu, C. , Zou, B. , Wang, Y. ,et al. The template-assisted synthesis of poly-
pyrrole hollow microspheres with a double-shelled structure [J] . Chemical
Communications, 2015, 51(24): 5009-5012.

［61］ Yang, W. , Gao, Z. , Song, N. ,et al. Synthesis of hollow polyaniline nano-capsules and their supercapacitor application [J] . Journal of Power Sources, 2014, 272: 915-921.

[62] Lu, Y. , Ren, Y. , Wang, L. , et al. Template synthesis of conducting polyaniline composites based on honeycomb ordered polycarbonate film [J] . Polymer, 2009, 50(9): 2035-2039.

[63] Kim, M. J. , Liu, Y. D. , Choi, H. J. Urchin-like polyaniline microspheres fabricated from self-assembly of polyaniline nanowires and their electro-responsive characteristics [J] . Chemical Engineering Journal, 2014, 235: 186-190.

[64] Kong, Y. , Shan, X. , Ma, J. , et al. A novel voltammetric sensor for ascorbic acid based on molecularly imprinted poly(o-phenylenediamine-co-o-aminophenol) [J] . Analytica Chimica Acta, 2014, 809(0): 54-60.

4 碱金属离子分离

4.1 引言

近年来，新能源汽车的不断发展以及便携式电子产品的快速更替，促使我国锂离子电池产业迅速发展。锂作为一种重要的金属，广泛应用于陶瓷、玻璃、润滑剂、制冷液、核工业以及光电等行业，因此锂资源的开采和回收已成为实现能源和环境绿色发展的重要课题之一。由于镁离子和锂离子的离子半径分别为 0.65Å（$1Å=10^{-10}$ m，后同）和 0.6Å，两者非常接近，极大地提高了锂离子的分离难度。相较陆地锂资源而言，海水中锂的储量高达 $2.5×10^{11}$ t，但平均浓度极低，仅为 0.17mg/L，而且含有大量的钠、钾、钙、镁等干扰离子，分离难度同样很大。此外，近年来随着锂离子电池汽车的大规模市场投放，产生的废旧锂离子电池中含有丰富的锂、钴、锰等资源，同样面临离子选择性分离的问题。因此，如何从含锂浓度低且多离子共存的复杂水相体系中高选择性地分离锂离子是实现锂资源高效开采和回收的关键问题所在。

采用传统的吸附法或离子交换法从多离子共存的复杂体系中选择性分离锂离子时，离子向吸附剂内部的扩散推动力主要依靠浓度差作用以及吸附剂与目标离子之间的络合作用。而电控离子交换技术，可以通过改变电活性离子交换功能材料的电极电位，额外增加电场作用驱动离子在膜内的传递，因而能显著提高在低浓度下的离子传递效率。

^{137}Cs 作为碱金属元素是放射性废液中一种最主要的核素，拥有很高的放射活性及溶解性。从高放废液中去除和回收^{137}Cs，不仅可以减

小废液的放射活性从而简化废液的处理工艺，而且回收的[137]Cs 还可以作为良好的 γ 源而被重复利用。常规分离[137]Cs 的方法主要有吸附法、萃取法及高温矿化法等。20 世纪 90 年代，美国太平洋西北实验室最早提出采用新型的电控离子交换法处理含[137]Cs 的高放废液，所使用的电活性材料主要为以铁氰化镍（NiHCF）为代表的过渡金属铁氰化物，该类材料对[137]Cs$^+$具有优良选择性能[1]。

4.2 电控锂离子分离

4.2.1 电控锂离子分离机理

  开发针对锂离子分离的电控离子交换材料需要同时具备对锂离子的选择识别性以及良好的电活性。下面以 λ-MnO$_2$/PPy/PSS 杂化膜为例，探讨电控离子交换法在锂离子分离领域的应用。基于尖晶石型 λ-MnO$_2$纳米颗粒对锂离子优良的选择性，采用 λ-MnO$_2$作为锂离子识别功能材料，将具有阳离子交换性能的 PPy/PSS 复合材料作为导电剂和交联剂固定 λ-MnO$_2$颗粒，可以合成一种对锂离子具有优良选择性离子交换功能的 λ-MnO$_2$/PPy/PSS 复合材料。其离子交换机理如图 4-1 所示，将 λ-MnO$_2$/PPy/PSS 复合膜置入多离子共存的溶液中并施加还原电位，带正电的 PPy 被还原为电中性，为保持膜内的电荷平衡，释溶液中的 Li$^+$会在电场力的作用下被选择性地置入膜内。反之，将吸附了 Li$^+$的 λ-MnO$_2$/PPy/PSS 复合膜置入浓缩液中并施加氧化电位，电中性的 PPy 会被电化学氧化并带正电荷，在电场力的作用下，λ-MnO$_2$晶体中

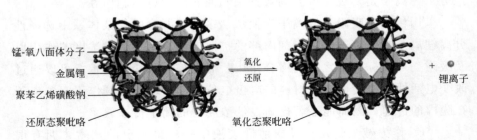

锰-氧八面体分子
金属锂
聚苯乙烯磺酸钠
还原态聚吡咯
氧化 / 还原
氧化态聚吡咯
+ 锂离子

图 4-1   λ-MnO$_2$/PPy/PSS 杂化膜在电控离子交换过程中的机理

的 Li$^+$ 会被置出膜外，进而实现离子的选择性分离并使膜得到再生，以便重复利用。

4.2.2　λ-MnO$_2$/PPy/PSS 复合膜的制备及结构表征

图 4-2 所示为 λ-MnO$_2$/PPy/PSS 复合膜的合成过程：首先，通过水热法合成 β-MnO$_2$ 纳米棒，再将其与氢氧化锂充分混合并在 700℃的温度下煅烧 10h 形成尖晶石型的 LiMn$_2$O$_4$ 纳米棒；之后，通过酸洗将 LiMn$_2$O$_4$ 晶体中的锂离子置出形成 λ-MnO$_2$，从而在 λ-MnO$_2$ 晶体中产生对锂离子具有"记忆功能"的离子印记空穴。将生成的 λ-MnO$_2$ 纳米棒颗粒与吡咯单体和 PSS 混合配置成悬浮液，通过电化学氧化沉积法在导电基体表面合成具有核壳结构的 λ-MnO$_2$/PPy/PSS 复合膜。

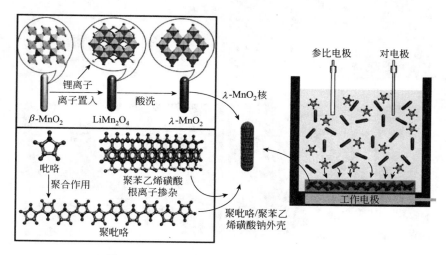

图 4-2　λ-MnO$_2$/PPy/PSS 复合膜的合成机理

图 4-3 分别为 β-MnO$_2$、LiMn$_2$O$_4$、λ-MnO$_2$ 和 λ-MnO$_2$/PPy/PSS 复合膜的扫描电子显微镜图。如图 4-3（a）所示，采用水热合成法制备的 β-MnO$_2$ 显示出细长的纳米棒结构，其长度约为 0.5～2μm，直径约为 100～200nm。当 β-MnO$_2$ 与 LiOH 通过 700℃煅烧反应生成 LiMn$_2$O$_4$ 时，其形貌如图 4-3（b）所示。由图可知，LiMn$_2$O$_4$ 同样保持了典型的纳米棒形貌。相比于 β-MnO$_2$ 纳米棒，LiMn$_2$O$_4$ 纳米棒的

平均长度变短。这主要是由于在 700℃的高温煅烧下，锂离子的嵌入使 β-MnO_2 的晶格结构发生变化。将 $LiMn_2O_4$ 纳米棒置入硫酸溶液中，通过溶液中的 H^+ 与 $LiMn_2O_4$ 结构中的 Li^+ 进行交换，进而形成 λ-MnO_2 颗粒。如图 4-3（c）中所示，生成的 λ-MnO_2 同样显示出纳米棒结构，但相比于 $LiMn_2O_4$ 纳米棒光滑的表面，λ-MnO_2 纳米棒的表层出现明显被腐蚀的痕迹。将 λ-MnO_2 与 PPy 通过电化学沉积法在铂基体上制备出 λ-MnO_2/PPy/PSS 复合膜，其表面形貌如图 4-3（d）所示。图中在 λ-MnO_2 纳米棒的表层明显包覆了一层膜。

(a) β-MnO_2的SEM图   (b) $LiMn_2O_4$的SEM图

(c) λ-MnO_2的SEM图   (d) λ-MnO_2/PPy/PSS复合膜的SEM图

图 4-3 β-MnO_2、$LiMn_2O_4$、λ-MnO_2 以及
λ-MnO_2/PPy/PSS 复合膜的 SEM 图

通过透射电子显微镜进一步表征 λ-MnO_2 和 λ-MnO_2/PPy/PSS 纳米棒的结构，其结果如图 4-4 所示。从图 4-4（a）中可以看出，λ-MnO_2 纳米棒的表层有明显被酸腐蚀的痕迹。通过图 4-4（b）的局部放大图片可知，表面被腐蚀的部分同样保持了原有的晶格结构，因此不会

影响锂离子在 λ-MnO$_2$ 纳米棒中的传递。从图 4-4（c）中可以明显看到 λ-MnO$_2$/PPy/PSS 纳米棒的核壳结构，λ-MnO$_2$ 表层被均匀包裹一层 PPy/PSS 壳。由于 PPy/PSS 本身是一种优良的电活性阳离子交换材料，因此不会阻碍锂离子从溶液向 λ-MnO$_2$ 内传递；相反基于 PPy 良好的导电性可以有效地提高 λ-MnO$_2$/PPy/PSS 复合膜的电控离子交换性能。此外，从图 4-4（d）的电子衍射花样中可以得出生成的 λ-MnO$_2$ 具有较高的结晶度，有利于锂离子在 λ-MnO$_2$ 晶格间快速传递。

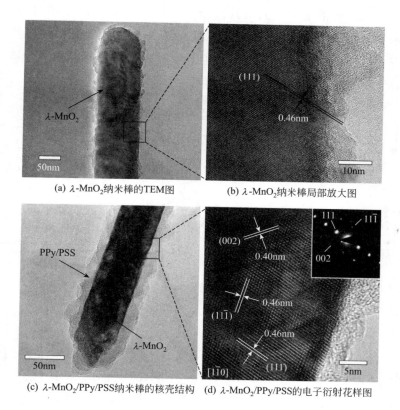

(a) λ-MnO$_2$纳米棒的TEM图 (b) λ-MnO$_2$纳米棒局部放大图

(c) λ-MnO$_2$/PPy/PSS纳米棒的核壳结构 (d) λ-MnO$_2$/PPy/PSS的电子衍射花样图

图 4-4 λ-MnO$_2$ 和 λ-MnO$_2$/PPy/PSS 的 TEM 图

4. 2. 3 λ-MnO$_2$/PPy/PSS 复合膜的性能表征

通过电化学聚合法，将 λ-MnO$_2$/PPy/PSS 复合膜均匀沉积到 5cm×

5cm×1cm 的碳毡基体上，并置入 200mL 含锂离子浓度为 30mg/L 的溶液中，在膜上施加 −0.2V 的恒定电压进行锂离子吸附测试，其结果如图 4-5 (a) 所示。经过 2h 的吸附过程基本达到饱和吸附，且吸附量为 35.2mg/g。将吸附饱和后的 λ-MnO$_2$/PPy/PSS 复合膜置入再生液中，并在膜上施加 1.0V 的电压，使锂离子脱附，其结果如图 4-5 (b) 所示。经过 2h 的脱附过程，脱附量达 98.7%。

再将制备好的 λ-MnO$_2$/PPy/PSS 复合膜置入等浓度比的锂离子和钠离子二元混合溶液中，测试其选择性，其结果如图 4-5 (c) 所示。结果显示 λ-MnO$_2$/PPy/PSS 复合膜对锂离子具有优良的选择性，其选择性因子达 46.0。经过 5 次重复的电化学洗脱附，其结果如图 4-5 (d) 所示，衰减量仅为 1.1%。

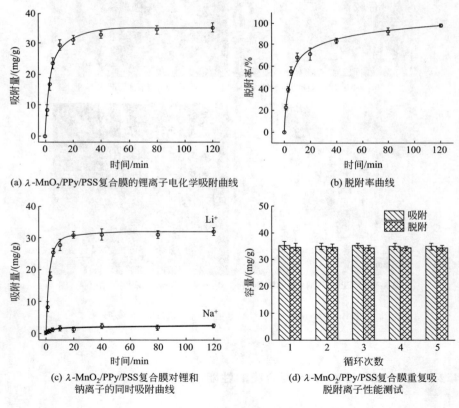

(a) λ-MnO$_2$/PPy/PSS复合膜的锂离子电化学吸附曲线

(b) 脱附率曲线

(c) λ-MnO$_2$/PPy/PSS复合膜对锂和钠离子的同时吸附曲线

(d) λ-MnO$_2$/PPy/PSS复合膜重复吸脱附离子性能测试

图 4-5　λ-MnO$_2$/PPy/PSS 复合膜的性能表征

表 4-1 不同吸附材料对锂离子的吸附性能

锂离子交换材料	离子交换容量/(mg/g)	离子交换时间	参考文献
λ-MnO_2/Pt	11.0	2.2h	[2]
$H_{1.33}Mn_{1.67}O_4$	23.5	10h	[3]
$H_{1.6}Mn_{1.6}O_4$	40.0	2d	[4]
$Li_{1.6}Sb(V)_{0.29}Mn(III)_{0.77}Mn(IV)_{0.77}O_4$	14.0	3d	[5]
壳聚糖/锰酸锂	54.65	6d	[6]
聚丙烯腈/$H_{1.6}Mn_{1.6}O_4$	10.3	24h	[7]
λ-MnO_2/PPy/PSS	35.2	2h	本研究

如表 4-1 所列,与其他类似的锂离子交换材料相比,λ-MnO_2/PPy/PSS 复合膜具有较高的吸附容量,而且由于锂离子的浓度较低,采用常规的吸附方法分离锂离子时耗时较长。相较而言,通过电控离子交换法进行锂离子分离时,凭借电场作用提供额外的离子传递驱动力,加速离子在膜内的传递速率,使吸收速率明显提升。

4.3 电控铯离子分离

4.3.1 铁氰化镍的电控锂离子分离机理

图 4-6 所示为 NiHCF 的电控$^{137}Cs^+$的分离机理,NiHCF 是由铁离子和镍离子通过 C≡N 氰键连接构成的立方体框架结构,Cs^+ 为平衡电中性嵌入每个立方体中心。将处于氧化态的 NiHCF 置入含有 Cs^+ 的溶液中并给其施加还原电位,三价铁被还原为二价铁使整体带负电荷,为保持整体电中性,溶液中的 Cs^+ 会在电场力的作用下被置入膜内,从而去除溶液中的 Cs^+。之后,将吸附了 Cs^+ 的 NiHCF 置入浓缩液中,通过施加氧化电位使晶体中的二价铁被重新氧化为三价铁,此时,为使整体显电中性,被吸附的 Cs^+ 会在电场力的作用下被置出膜外,在实现 Cs^+ 回收的同时使膜得到再生。

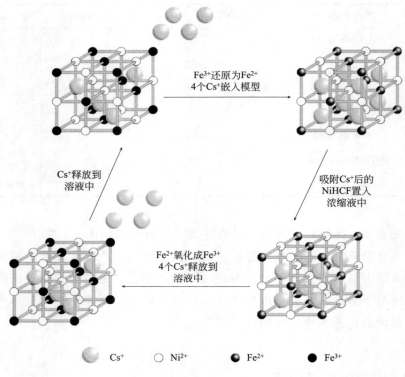

图 4-6　铁氰化镍的电控 Cs 离子交换过程

4.3.2　铁氰化镍的制备和结构表征

NiHCF 根据化学计量不同通常存在可溶性和不可溶性两种晶体结构[8]，其晶体结构如图 4-7 所示，可溶和不可溶结构的分子式分别为 $Na_4Ni_4[Fe^{III}(CN)_6]_4$ 和 $NaNi_4[Fe^{III}(CN)_6]_3$，此处的可溶与不可溶并非指 NiHCF 的溶解度，而是形成胶体溶液的趋势。

通过电化学氧化还原，可以使铁氰化镍（氧化态）和亚铁氰化镍（还原态）之间可逆转换，同时伴随碱金属离子的置入与释放，其反应方程式如下。

可溶铁氰化镍：

$$Na_4Ni_4[Fe^{III}(CN)_6]_4 + 4Na^+ + 4e^- \rightleftharpoons Na_8Ni_4[Fe^{II}(CN)_6]_4 \quad (4\text{-}1)$$

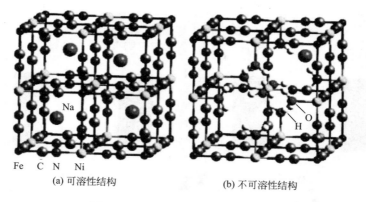

(a) 可溶性结构　　　　　(b) 不可溶性结构

图 4-7　Na 型 NiHCF 的两种结构

不可溶铁氰化镍：

$$NaNi_4[Fe^{III}(CN)_6]_3 + 3Na^+ + 3e^- \rightleftharpoons Na_4Ni_4[Fe^{II}(CN)_6]_3 \quad (4-2)$$

　　合成铁氰化镍的方法主要包括化学沉淀法、电化学阳极氧化法、电化学阴极沉淀法以及单极脉冲法。化学氧化法是指混合含有 Ni^{2+}、碱金属离子（如 Na^+）以及铁氰根 $[Fe^{III}(CN)_6]^{3-}$ 的溶液，通过化学沉淀反应可以生成铁氰化镍，且当 Ni^{2+} 与 $[Fe^{III}(CN)_6]^{3-}$ 浓度之比高于 1:1 时，更容易生成不可溶结构的铁氰化镍 $NaNi_4[Fe^{III}(CN)_6]_3$。如图 4-8 所示，分别在 Ni_2SO_4 和 $K_3[Fe^{III}(CN)_6]$ 的溶液中通过交替浸泡法，利用溶液在碳毡毛细孔道内的扩散过程，可以在碳毡上沉积出一层均匀的 K 型 NiHCF 薄膜。同样将含有 Ni^{2+}、碱金属离子（如 Na^+）以及亚铁氰根 $[Fe^{II}(CN)_6]^{3-}$ 的溶液混合可以生成亚铁氰化镍，而且后者的沉淀速率要远高于前者；将生成的亚铁氰化镍通过电化学氧化可以进一步转化成铁氰化镍。

　　电化学阳极氧化法利用金属镍为工作电极，在含有铁氰根 $[Fe^{III}(CN)_6]^{3-}$ 的电解液中给镍电极施加氧化电位，将金属镍电解为 Ni^{2+}，生成的 Ni^{2+} 会与溶液中 $[Fe^{III}(CN)_6]^{3-}$ 进行反应，从而在电极表面生成铁氰化镍膜[9]。由于 Ni^{2+} 来源于表面金属镍的电解，当生成的铁氰化镍完全覆盖镍电极时该反应就会终止，因此通过阳极氧化法合成的铁氰化镍膜厚度通常较薄。

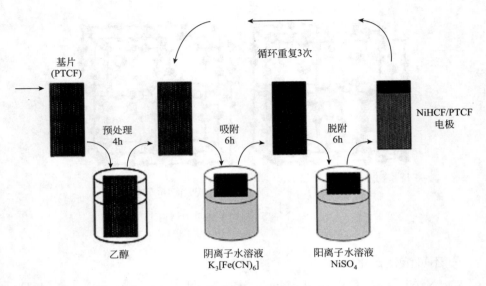

图 4-8　通过交替浸泡法在碳毡基体上化学沉积 NiHCF

　　电化学阴极沉淀法[10] 是指将惰性电极（如铂电极、碳电极）作为工作电极，并置入含有 Ni^{2+}、碱金属离子（如 Na^+）以及铁氰根 $[Fe^{III}(CN)_6]^{3-}$ 的新鲜配制溶液，通过电化学方法给惰性电极施加还原电位。此时，溶液中铁氰根 $[Fe^{III}(CN)_6]^{3-}$ 会扩散到电极表面并被还原为亚铁氰根，再与溶液中的 Ni^{2+} 在电极表面生成亚铁氰化镍膜；之后再通过电化学氧化法将亚铁氰化镍氧化为铁氰化镍。由于 Ni^{2+} 与铁氰根 $[Fe^{III}(CN)_6]^{3-}$ 会随时间增长在溶液中不断沉淀，因此要在电极表面生成铁氰化镍膜，需要注意溶液中二者的浓度不宜过高，且必须为新鲜配制的溶液。

　　此外，在含有 Ni^{2+}、碱金属离子（如 K^+）以及铁氰根 $[Fe^{III}(CN)_6]^{3-}$ 的新鲜配制溶液中，通过单极脉冲法同样可以在惰性电极表面生成铁氰化镍[8]。而且可以通过调节脉冲电位的高低控制生成铁氰化镍的结构。图 4-9 所示为采用不同脉冲电位合成的铁氰化镍在 KNO_3 溶液中的 CV 曲线，图中的双峰分别对应铁氰化镍的不可溶和可溶结构。由图可知，当脉冲电位高于 $0.5V$ 时，可以在电极表面生成单一的不可溶结构。

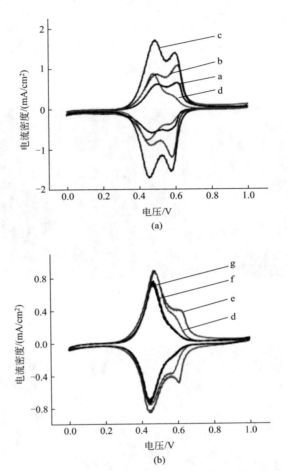

图 4-9 不同脉冲电位生成的 K 型 NiHCF 在 1mol/L 的 KNO₃ 溶液中的 CV 曲线

（a）a—0.1V；b—0.2V；c—0.3V；d—0.4V；（b）d—0.4V；e—0.5V；f—0.6V；g—0.7V

  由于 NiHCF 可以通过电化学方法在电极表面直接合成而无需化学涂覆，因此，可以直接应用与电控离子交换。为提高 NiHCF 的吸脱附性能，可以将 NiHCF 沉积在具有三维多孔结构的导电材料表面，例如碳毡、碳布或泡沫镍等。一方面利用其良好的导电性；另一方面通过高比表面积可以降低扩散传递阻力，提高 NiHCF 膜的利用率。图 4-10 所示为在碳布基体沉积 NiHCF 前后的 SEM 图，从图中可以看出，NiHCF均匀地沉积在每根碳纤维的表面。此外，可以将 NiHCF 与碳纳米管或石墨烯等新型碳材料复合，耦合 NiHCF 的电控离子交换性能以及碳材料的优良电活性，进而提升复合材料的电化学性能。图 4-11 所示为在碳纳米管上沉积 NiHCF/PANI 立方体纳米颗粒的 SEM 图，图中 NiHCF 表现出良好的立方体晶格结构，有利于离子在晶格间的传递。

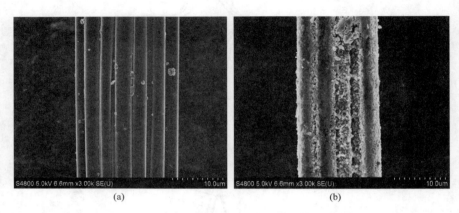

图 4-10　碳布基体沉积 NiHCF 前后的 SEM 图

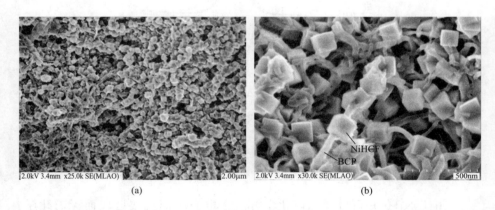

图 4-11　碳纳米管上沉积 NiHCF/PANI 立方体纳米颗粒的 SEM

4.3.3　铁氰化镍的 Cs^+ 分离性能

由于 NiHCF 对碱金属阳离子的选择性不同（$Cs^+ > Rb^+ > K^+ > Na^+ > Li^+$）[11]，特别是对 Cs^+ 具有特殊的亲和力，因此是分离和回收高放废液中 Cs⁺ 的理想电活性功能材料。将 NiHCF 膜通过交替浸泡法沉积在三维多孔碳毡基体表面，利用碳毡基体的导电性和高比表面积，将 NIHCFA 应用于 Cs⁺ 分离。在分离 Cs⁺ 的过程中，膜电极需要长期存在于液态环境中，考察 NiHCF/PTCF 膜电极对 Cs⁺ 分离性能之前，有必要对膜电极长期贮存在水中的稳定性能进行测试。图 4-12 所示为新制备的 NiHCF/碳毡膜电极在水中贮存 4 个月前后的循环伏安图，由图可知，膜电极在水中贮存 4 个月后容量衰减了约 5％，这由于在新制备的膜电极上有部分未连接牢固的 NiHCF 经过长时间贮存后逐渐脱落而造成的；另外，经过长期的贮存后，膜电极表层不稳定的 NiHCF 逐渐脱落，降低了膜电极内部离子扩散阻力，使 CV 图中阴阳极峰电位差减小。

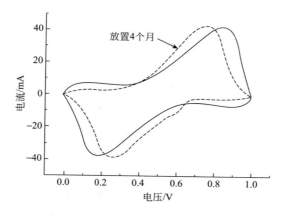

图 4-12　膜电极长期贮存的稳定性

　　ESIX 过程分离溶液中 Cs⁺ 包括离子吸附和离子交换两个步骤。为了区别基体吸附、离子交换及 ESIX 过程的各自作用，将空白的碳毡、新制备的 NiHCF/碳毡膜电极分别浸入相同体积及浓度的模拟废液中测试其吸附及电控离子交换效果。图 4-13 是膜电极对 Cs⁺ 的静态吸附和 ESIX 图，由图可知，空白碳毡对 Cs⁺ 没有吸附能力；修饰 NiHCF 后的电极由于膜与溶液中 Cs⁺ 的离子交换作用，30min 后可去除模拟废液中 5％的 Cs⁺，Cs⁺ 的去除率要远远小于同时间内 ESIX 过程的去除率（70％），充分说明了 NiHCF/PTCF 膜电极对 Cs⁺ 的分离过程主要是

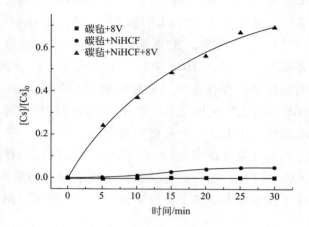

图 4-13　膜电极对 Cs^+ 的静态吸附和 ESIX 吸附

ESIX 过程在起作用。

吸附动力学可以帮助我们更好地了解吸附过程的吸附速率及探讨速率控制步骤。结合准一级吸附动力学模型来探讨不同电压下 NiHCF/碳毡膜电极对 Cs^+ ESIX 过程中的吸附速率及控速过程。其中，相关系数（R_2）用来表示实际实验数据与理论值之间的一致性。一个相对高的 R_2 值表明该吸附模型可用来描述连续操作过程中 NiHCF/PTCF 膜电极对 Cs^+ 的吸附过程。

由 Lagergren 所提出的准一级吸附模型是描述从溶液中吸附溶质的最常用模型之一，准一级吸附模型具体可表示如下：

$$\lg(q_e - q_t) = \lg q_e - \frac{kt}{2.303} \qquad (4\text{-}3)$$

式中　q_e、q_t——在平衡及时间 t 时被吸附在吸附剂上的吸附质的质量，mg/g；

　　　k——准一级吸附速率常数，h^{-1}。

由 $\lg(q_e - q_t)$ 对吸附时间 t 作图，得到的图若有线性关系，表明该吸附过程可用准一级吸附模型来描述。

图 4-14 所示为不同吸附电压下的 NiHCF/碳毡膜电极电化学控制吸附 Cs^+ 过程的准一级吸附动力学吸附曲线。相对应的 NiHCF/碳毡膜

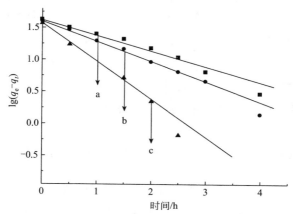

图 4-14　不同电压下 NiHCF/碳毡膜电极对于 Cs$^+$ 吸附
过程准一级动力学模型拟合曲线
a—3V；b—5V；c—7V

电极吸附平衡量、吸附速率常数及相关系数分别如表 4-2 所列。由于可知实验值与由准一级动力学模型计算出来的理论值存在很好的吻合性，这说明准一级动力学模型适用于 NiHCF/PTCF 膜电极对于 Cs$^+$ 的 ES-IX 过程。经过分析比较拟合曲线的 k 值，如表 4-2 所列，对应于 3V、5V、7V 电压下 NiHCF/PTCF 膜电极对 Cs$^+$ 的吸附速率常数 k 分别为 0.5624h^{-1}、0.7272h^{-1}、1.3738h^{-1}，可知随着加大外路电压对应的 k 值不断增加，这说明给膜电极提供较大的电压可以促进膜电极对于 Cs$^+$ 的吸附。

表 4-2　不同电压下准一级动力学模型拟合参数表

电压/V	截距	斜率	q_e/(mg/g)	k/h^{-1}	R_2
3	1.6232	−0.2442	41.9923	0.5624	0.9500
5	1.6041	−0.3158	40.1883	0.7273	0.9952
7	1.5756	−0.5965	37.6348	1.3738	0.9898

固然实验值与由准一级动力学模型计算出来的理论值存在很好的吻合性，但应当指出在吸附过程中、后期实验值与预测值已有很大的偏

差，表明在电化学控制 Cs^+ 的吸附过程的后期吸附速率发生了改变。事实上，NiHCF/PTCF 膜电极对 Cs^+ 的吸附应包括 2 个控速过程。

1）快速的 ESIX 过程，Fe^{3+} 被还原为 Fe^{2+}，为保持膜电极的电中性，Cs^+ 快速置入膜（ESIX 控制）。

2）离子扩散过程，吸附后期溶液中 Cs^+ 浓度已经很小，Cs^+ 由液相扩散至膜电极表面的过程将制约整个吸附过程的速率（离子扩散控制）。

4.3.4　NiHCF/碳毡膜电极电控离子交换连续分离 Cs^+

实现电控离子交换的连续运行是使这一新型工艺成功工业化的重要一步，隔膜式反应器设计是实现连续运行的有效手段之一。如图 4-15 所示，整个隔膜式反应器的核心装置为 2 个完全相同的 NiHCF/碳毡离子交换膜被阴离子交换膜（AM）分隔开的"一膜两室"结构。当给一侧的膜电极施加还原电压，NiHCF 被还原，Fe^{3+} 被还原为 Fe^{2+}，Cs^+ 随之被置入膜内，实现模拟废液中 Cs^+ 的吸附；同时，反应器另一侧的膜电极则被施加上相同的氧化电压，NiHCF 被氧化，Fe^{2+} 被氧化为 Fe^{3+}，已吸附在膜内的 Cs^+ 则被置出，实现膜的再生过程。当处理膜电极吸附达到饱和再生膜电极实现再生后，将两槽液体排除，然后把处理液打入原来的再生槽，而再生液进入原来的处理槽，并切换电压方向，进行下一个循环操作。整个过程靠阴离子穿过阴离子交换膜（AM）来维持整个体系的电中性，可避免水的电解，提高电流效率，从而实现了膜电极处理含 Cs^+ 废水与再生同时进行的连续操作过程。

隔膜式反应器如图 4-15 所示，其中一个膜电极与稳压电源的负极相连，NiHCF 被还原，铯离子被吸附到膜电极上；同时另一已吸附铯离子的膜电极与稳压电源的正极相连，NiHCF 被氧化，膜电极实现再生。吸附或再生 4h 后，通过调节控制电压使膜电极进行下一个循环，如此循环运行即可实现膜电极对铯离子的分离。图 4-16 是膜电极在隔膜式反应器中对铯离子实现连续分离的吸附率及脱附率。经过 4h 吸附后，模拟废液中铯离子浓度几乎降低到 0，各个循环中膜电极对铯离子的吸附率均大于 96%，更有几个循环中膜电极可以实现对铯离子的全部吸附。然而，相对应的铯离子的脱附率要远远小于其吸附率，只有

60%～70%，这是由 NiHCF 特有的结构及电控离子分离机理所造成的。

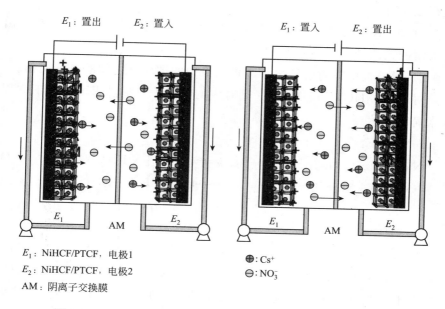

E_1：NiHCF/PTCF，电极1
E_2：NiHCF/PTCF，电极2
AM：阴离子交换膜

⊕：Cs$^+$
⊖：NO$_3^-$

图 4-15　ESIX 连续操作过程机理（图中 PTCF：三维多孔碳毡）

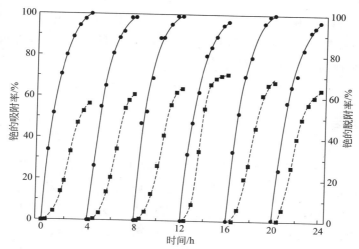

图 4-16　隔膜式反应器中连续分离过程中膜电极对 Cs$^+$ 的吸附率及脱附率

●—铯的吸附率；■—铯的脱附率

前面提到过 NiHCF 中包括 2 种不同结构：可溶性结构（s-NiH-CF）、不可溶性结构（i-NiHCF）。NiHCF/碳毡电极对于铯离子的脱附过程主要有以下 2 个途径。

1）NiHCF 的氧化，Fe^{2+} 被氧化为 Fe^{3+}，为保持膜的电中性置出已吸附的铯离子。

2）膜电极中吸附的铯离子与再生液中的钠离子之间的离子交换。

对于 s-NiHCF 和 i-NiHCF 其对应的铯离子脱附过程可由以下方程式来简单表达。

s-NiHCF：

$$Na_4[NiFe(CN)_6]_4 + 4Cs^+ + 4e^- \Longleftrightarrow Cs_4Na_4[NiFe(CN)_6]_4 \qquad (4\text{-}4)$$

$$Cs_4Na_4[NiFe(CN)_6]_4 + 4Cs^+ \longrightarrow Cs_8[NiFe(CN)_6]_4 + 4Na^+ \qquad (4\text{-}5)$$

i-NiHCF：

$$NaNi_4[Fe(CN)_6]_3 + 3Cs^+ + 3e^- \Longleftrightarrow NaCs_3Ni_4[Fe(CN)_6]_3 \qquad (4\text{-}6)$$

$$NaCs_3Ni_4[Fe(CN)_6]_3 + Cs^+ \longrightarrow Cs_4Ni_4[Fe(CN)_6]_3 + Na^+ \quad (4\text{-}7)$$

由于 NiHCF 对铯离子有特殊的选择性，在脱附中离子交换过程几乎不发生，脱附过程主要是 ESIX 过程在起作用。由反应方程式（4-4）～式（4-7）可以算得，s-NiHCF 通过 ESIX 过程可以脱附 50％的铯离子，i-NiHCF 可以脱附 75％的铯离子，而连续操作结果中铯离子的脱附率为 60％～70％，这进一步说明实验中制备的 NiHCF/碳毡膜电极中 Ni-HCF 是 2 种结构 NiHCF 的复合。

4.4 小结

电控离子交换方法与传统吸附法或离子交换法相比具有吸附速率快、可应用于低浓度离子分离等优点，本研究采用单极脉冲电合成方法制备出一种 HMn_2O_4/PPy/PSS 复合膜。基于尖晶石型 HMn_2O_4 独特的离子通道，该复合膜对 Li^+ 具有良好的离子交换性能。此外，针对不同金属离子的干扰，HMn_2O_4/PPy/PSS 复合膜对 Li^+ 表现出良好的选择性。即使在 Li^+ 浓度极低的水溶液中，HMn_2O_4/PPy/PSS 仍然可以保持对 Li⁺ 较强的 ESIX 能力，且离子交换过程不受溶液中阴离子的影响。因此，开发对锂离子分离具有更高选择分离性能的电活性离子交换功能材料，并结合新型的电控离子交换分离技术及工艺，是实现电控离子交换技术在锂离子分离领域应用的重要研究方向。

NiHCF 由于在去除核工业废液中放射性[137]Cs 等方面所具有的特殊选择性而备受美国能源部的重视。ESIX 结合了传统的离子交换技术和电化学方法，可实现对目标 Cs⁺ 的选择性分离，避免了化学再生产生的二次污染，通过电化学方法就可以方便地实现离子交换电极的再生。这种环境友好的新型膜分离方法迎合了现代工业清洁生产的需要，因而对放射性[137]Cs 的分离和回收具有重要的科学意义和现实意义。

◉ 参考文献

[1] Lilga, M. A., Orth, R. J., Sukamto, J. P. H., et al. Metal ion separations using electrically switched ion exchange [J]. Separation and Purification Technology, 1997, 11(3): 147-158.

[2] Kanoh, H., Ooi, K., Miyai, Y., et al. Electrochemical Recovery of Lithium I-ons in the Aqueous Phase [J]. Separation Science and Technology, 1993, 28 (1-3): 643-651.

[3] Ooi, K., Makita, Y., Sonoda, A., et al. Modelling of column lithium adsorption from pH-buffered brine using surface Li⁺ /H⁺ ion exchange reaction [J]. Chemical Engineering Journal, 2016, 288: 137-145.

[4] Chitrakar, R., Kanoh, H., Miyai, Y., et al. Recovery of Lithium from Seawater Using Manganese Oxide Adsorbent ($H_{1.6}Mn_{1.6}O_4$) Derived from $Li_{1.6}Mn_{1.6}O_4$ [J]. Industrial & Engineering Chemistry Research, 2001, 40(9): 2054-2058.

[5] Chitrakar, R., Kanoh, H., Makita, Y., et al. Synthesis of spinel-type lithium antimony manganese oxides and their Li extraction/ion insertion reactions [J]. Journal of Materials Chemistry, 2000, 10(10): 2325-2329.

[6] Zhu, G., Wang, P., Qi, P., et al. Adsorption and desorption properties of Li⁺ on PVC-$H_{1.6}Mn_{1.6}O_4$ lithium ion-sieve membrane [J]. Chemical Engineering Journal, 2014, 235: 340-348.

[7] Park, M. J., Nisola, G. M., Beltran, A. B., et al. Recyclable composite nanofiber adsorbent for Li⁺ recovery from seawater desalination retentate [J]. Chemical Engineering Journal, 2014, 254: 73-81.

[8] Hao, X., Yan, T., Wang, Z., et al. Unipolar pulse electrodeposition of nickel hexacyanoferrate thin films with controllable structure on platinum substrates

[J]. Thin Solid Films, 2012, 520(7): 2438-2448.

[9] Rassat, S. D. , Sukamto, J. H. , Orth, R. J. ,et al. Development of an electrical-
ly switched ion exchange process for selective ion separations [J]. Separa-
tion and Purification Technology, 1999, 15(3): 207-222.

[10] Jeerage, K. M. , Schwartz, D. T. Characterization of Cathodically Deposited
Nickel Hexacyanoferrate for Electrochemically Switched Ion Exchange [J].
Separation Science and Technology, 2000, 35(15): 2375-2392.

[11] Hao, X. , Li, Y. , Pritzker, M. Pulsed electrodeposition of nickel hexacyano-
ferrate films for electrochemically switched ion exchange [J]. Separation
and Purification Technology, 2008, 63(2): 407-414.

5 碱土金属离子分离

5.1 引言

在各种工业生产及日常生活中，软化水是一个基本需求。其中硬水中的碱土金属会使输送管道结垢，导致加热或冷却系统的传热效率下降，甚至会因传热不畅而引起锅炉爆炸等事故[1]。因此，寻找一种简单、方便、节能的水软化技术十分重要。电控离子交换技术也在水软化方面有所应用。

Weidlich 等合成了 PSS^- 大阴离子掺杂的 PPy 膜，并利用其 ESIX 性能去除水中的硬度离子 Ca^{2+} 和 Mg^{2+}，沉积 PPy/PSS 膜由三维多孔碳毡电极组装成固定床反应器用于实际水软化过程[2~4]。因该膜的强度差以及多孔性阻碍其工业应用。郝晓刚等在 ESIX 的基础上，借鉴 ED 技术，提出了电化学控制离子选择渗透（ESIP）膜的概念，以不锈钢丝网为导电基体，制备了基于导电聚合物聚吡咯的 ESIP 膜，并且设计了一种新型的电位-电场耦合的离子传递系统，用于分离稀水溶液中的 Ca^{2+} 和 Mg^{2+}。鞠键等利用二价碱土金属离子能在 MHCF（M＝Ni，Co，Cu）系列膜内的可逆的离子交换来分离碱土离子。实验表明该系列膜对 Ba^{2+}、Sr^{2+} 的选择性大于 Mg^{2+} 并在 $Sr(NO_3)_2$ 溶液中的稳定性最好。因此，可通过电控离子分离方法来实现对碱土金属离子的有效分离。

5.2 钙镁离子分离

5.2.1 电控离子选择渗透(ESIP)机理研究

如图 5-1 (a) 所示,这个系统由一个两电极体系和一个三电极体系组成 ESIPM 电极作为三电极体系的工作电极,并施加脉冲电位来调节其氧化还原状态实现目标离子的置入与释放;同时结合外部两电极体系的槽电压,促进金属离子从原料液到接收液的定向迁移。为了提高 ESIP 膜的导电性,降低它的制备成本,将沉积有 FeHCF 薄膜不锈钢丝网作为导电基体,然后在其表面再沉积一层 PPy/PSS 膜。

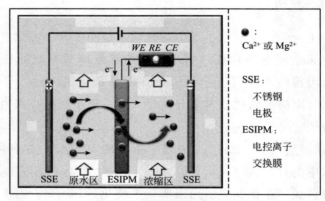

(a) 原位电位强化的离子传递系统的示意

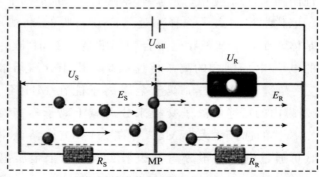

(b) 原位电位强化的离子传递系统的等效电路图

图 5-1 原位电位强化的离子传递系统的示意及等效电路图 (MP=膜电位)

如图 5-1（b）所示，U_{cell} 是通过两电极体系施加的槽电压，U_R 和 U_S 分别是施加到接收室和原料室的电位差，R_S 和 R_R 分别是原料室与接收室的电阻。膜电位（MP）是三电极体系施加到 ESIP 膜上的工作电极电位。当槽电压和脉冲低电位施加到膜上时，膜被还原阳离子置入膜内，U_S 促进了原料液中的阳离子从溶液主体向膜表面的迁移，并且随着膜电位的降低或 U_S 的增大，阳离子的置入速率不断增大；当槽电压和脉冲高电位施加到膜上时，阳离子从膜中释放，膜电位决定了阳离子扩散速率，U_R 则促使阳离子从膜表面向接收液迁移，随着膜电位增加或 U_R 的增加，阳离子的释放速率不断增加。当槽电压和恒定电位同时施加到上述离子传递系统中时，膜电位决定了膜上的电荷密度，并且 U_{cell} 提供了恒定的外部电场驱动力，使阳离子定向释放。阳离子从原料液向接收液的迁移速率随着膜电位的降低（负电荷密度增加）[5] 或 U_{cell} 增加而增大。

5.2.2　形貌表征

FeHCF-PPy/PSS 膜和 PPy/PSS 膜的电镜图如图 5-2 所示，其中，图 5-2（a）～（c）为 FeHCF-PPy/PSS 膜的电镜图，图 5-2（d）～（f）为 PPy/PSS 膜的电镜图。

如图 5-2 所示，FeHCF 的加入明显地增强了 PPy/PSS 膜与不锈钢丝网基体之间的结合强度。PPy/PSS 膜的形貌致密并且无缺陷结构，相反，FeHCF-PPy/PSS 膜表面具有多孔结构，包括典型的"菜花状"结构。FeHCF-PPy/PSS 和 PPy/PSS 膜之间的形貌差别是由导电基体间不同的电荷传递方式和表面粗糙度导致的。FeHCF-PPy/PSS 膜的多孔结构增加了膜和溶液之间的接触面积，进而强化离子透过膜的传递速率。

5.2.3　ESIP 膜的电流-电位响应性测试

由图 5-3（a）所示，对膜施加 ±1V 脉冲电位，FeHCF-PPy/PSS 膜与 PPy/PSS 膜相比具有更高的响应电流，表明 FeHCF-PPy/PSS 膜的电活性较高，有利于增强阳离子的置入/释放速率以及协助外部电场推动阳离子选择性透过该膜。

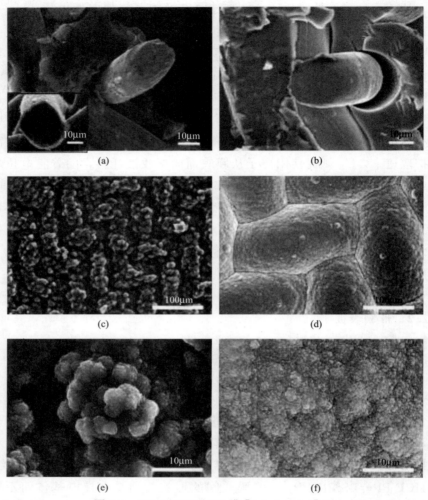

图 5-2　FeHCF-PPy/PSS 膜 [(a),(c),(e)] 和
PPy/PSS 膜 [(b),(d),(f)] 的电镜图

　　图 5-3（b）显示了分别用 FeHCF-PPy/PSS 膜和 PPy/PSS 膜对钙、镁离子的去除效率。同 PPy/PSS 膜相比，FeHCF-PPy/PSS 膜对钙离子的去除百分率几乎增加了 1 倍，对镁离子的去除率增加了大约 2 倍。较高通量由 FeHCF-PPy/PSS 膜的多孔结构和高电位响应性能共同决定，所以 FeHCF-PPy/PSS 膜与溶液有更大的接触面积，有利于钙、镁离子在膜中的传递。由于 FeHCF 夹层的存在，FeHCF-PPy/PSS 膜具有良好的

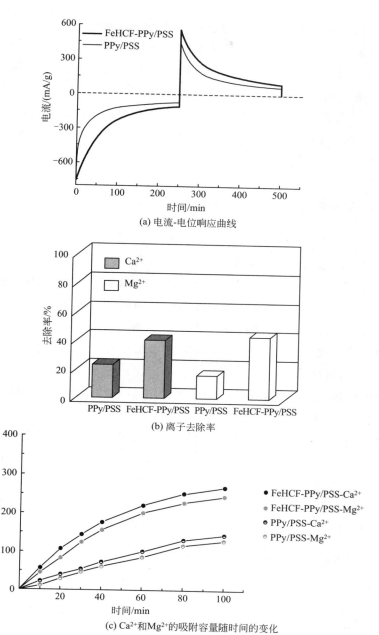

(a) 电流-电位响应曲线

(b) 离子去除率

(c) Ca²⁺和Mg²⁺的吸附容量随时间的变化

图 5-3　FeHCF-PPy/PSS 和 PPy/PSS 膜施加±1V 脉冲电位时电流-电位响应曲线，
槽电压为 5V，脉冲电位为−2～2V 时离子的去除率，Ca²⁺ 和 Mg²⁺ 的
吸附容量随时间的变化

界面结合力，这也强化了膜的电荷传递。同时由图 5-3（c）可见，随时间的增加，需要不断置入膜内来维持电中性，两种膜的吸附量也随时间的增加而增加。FeHCF-PPy/PSS 膜的吸附容量及吸附速率都是 PPy/PSS 膜的 2 倍左右。高的离子交换容量为离子传递过程提供了贮存空间，也就是说为离子定向传递提供了场所和通道。高的吸附速率体现了FeHCF-PPy/PSS 膜具有快速的导电子和导离子能力，即高的离子置入动力学。

5.2.4 脉冲电位对于 Ca^{2+}、Mg^{2+} 去除率的影响

由图 5-4（a）可见，ESIP 膜在脉冲电位下，Ca^{2+}、Mg^{2+} 的去除率明显增加，脉冲电位会触发 ESIP 膜的电化学控制离子交换机制，极大地增强 Ca^{2+}、Mg^{2+} 从原料液中置入膜内并释放到接收液中。随着脉冲电位的增加，Ca^{2+}、Mg^{2+} 的去除率也相应增加。其中脉冲电位会触发 ESIP 膜还原，Ca^{2+}、Mg^{2+} 从原料液置入膜内；随着电位的降低，ESIP 膜的还原深度加强，从而置入速率也增加；相反，脉冲高电位会激发 ESIP 膜的氧化，膜内的离子被排出，排出的速度与氧化深度有关即随氧化电位增大而增加。如图 5-4（b）所示，当脉冲低电位施加到膜上时，随着外加脉冲低电位的降低，U_S（原料室的电位差）不断增加，原料液中的 Ca^{2+}、Mg^{2+} 从原料液主体向原料液侧膜表面的迁移速率增强，当脉冲高电位的增加，U_R（接收室的电位差）不断增加，Ca^{2+}、Mg^{2+} 从接收侧膜表面向接收液主体的迁移速率也随之增强。因此 ESIP 膜上施加的脉冲电位提高了 Ca^{2+}、Mg^{2+} 的去除效率。但要注意，如果施加到 ESIP 上的氧化电位过高，会导致膜本身的过氧化，使导电聚合物失去了本身的电活性，从而失去了电控离子交换性能。

5.2.5 外部电场对于 Ca^{2+}、Mg^{2+} 去除率的影响

图 5-5（a）显示了不同槽电压下 Ca^{2+}、Mg^{2+} 的去除率。由图可见，随着槽电压的增加，Ca^{2+}、Mg^{2+} 的去除率随之增加。主要由于槽电压增大，电场强度变大离子的迁移速率变大。值得注意的是，当 ESIP 膜施加高低脉冲电位时，原料液侧和接受液侧的横电压并不相同；在脉

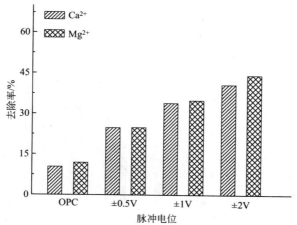

(a) 两电极体系开路在ESIP膜上施加不同的
脉冲电压下Ca²⁺、Mg²⁺的去除率

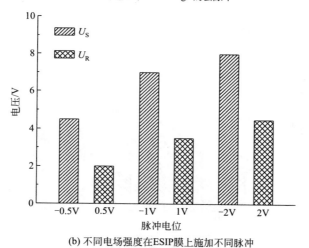

(b) 不同电场强度在ESIP膜上施加不同脉冲
电位下Ca²⁺、Mg²⁺的去除率

图 5-4　在两电极体系开路，不同电场强度在 ESIP 膜上施加
不同的脉冲电位下 Ca^{2+}、Mg^{2+} 的去除率

冲低电位下，原料液侧电压高于整个槽电压，极大地增强了离子在原料液中的迁移速率；在脉冲高电位下，接受液侧电位低于整体槽电位，再生过程并不受槽电位影响［图 5-5（b）］。然而，随着槽电压的增加，不锈钢电极上易发生水解反应，降低施加外部电场的电能量利用效率。因此，可以从实际生产及经济衡算得出合适的槽电压值。

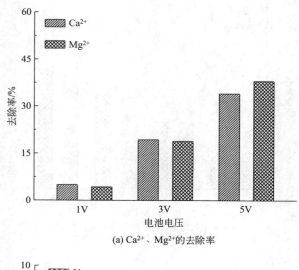

(a) Ca²⁺、Mg²⁺的去除率

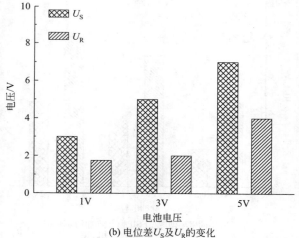

(b) 电位差U_S及U_R的变化

图 5-5　脉冲电位不变时槽电压分别为 1V、3V、5V 时 Ca²⁺、Mg²⁺ 的去除率
和电位差 U_S 及 U_R 的变化

5.2.6　脉冲电位与恒定电位对 ESIP 膜的影响

图 5-6 显示了 Ca²⁺ 去除率随时间的变化曲线。在实验的初始阶段，施加脉冲电位和恒定电位，Ca²⁺ 的去除百分率都迅速增加。随时间的增加，施加－2V 恒定电位，其去除率增加趋势逐渐变缓，Ca²⁺ 的去除

率仅达到 40%，趋于平衡；对比施加脉冲电位，Ca^{2+} 的去除百分率不断增加，可达 95.67%，处理过的水硬度可达到 0.5mmol/L 以下。具体原因如下，对于恒定的负电位操作，长时间施加恒定负电位到膜上可能会导致以下反应[6,7]：

$$2H_2O + 2e^- \longrightarrow H_2 + 2OH^-$$
$$2OH^- + Ca^{2+} + CO_2 \longrightarrow CaCO_3(结垢) + H_2O$$

导致膜结垢可能阻碍离子在膜中的传递，而施加到膜上的脉冲电位通过使膜在氧化还原态之间周期性的转变减缓了上述反应。因此脉冲电位更有利于从硬水中去除 Ca^{2+}、Mg^{2+}。

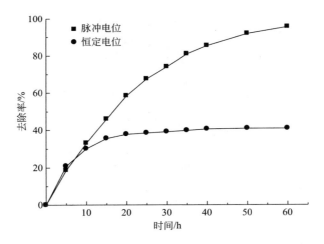

图 5-6 ESIP 膜上施加 Ca^{2+} 的去除率随时间的变化图

5.3 锶钡离子分离

5.3.1 NiHCF 膜对 Mg^{2+}/Ba^{2+} 的选择性

由图 5-7（a）可见在不同的溶液中均有明显的氧化还原峰出现，其中阳极电流对应于 NiHCF 膜中活性中心铁离子的氧化及碱土金属离子的释放过程，阴极电流对应于膜中铁离子的还原和碱土金属离子的置入

过程，与碱金属溶液中的电化学行为相似[8,9]。因此，通过调节 NiHCF
膜电极的氧化还原状态可以方便地控制碱土金属离子的置入和释放，从
而达到分离金属离子的目的。

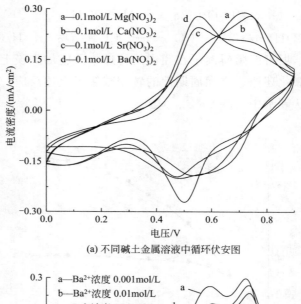

a—0.1mol/L Mg(NO₃)₂
b—0.1mol/L Ca(NO₃)₂
c—0.1mol/L Sr(NO₃)₂
d—0.1mol/L Ba(NO₃)₂

(a) 不同碱土金属溶液中循环伏安图

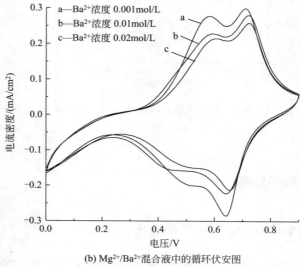

a—Ba²⁺浓度 0.001mol/L
b—Ba²⁺浓度 0.01mol/L
c—Ba²⁺浓度 0.02mol/L

(b) Mg²⁺/Ba²⁺混合液中的循环伏安图

图 5-7　NiHCF 膜在不同碱土金属溶液中和 Mg²⁺/Ba²⁺
混合溶液中的循环伏安图

由图 5-7（b）可知 NiHCF 膜电极对混合溶液中浓度的微小改变非常敏感。结合图 5-7（a）纯溶液中的 CV 图分析可知 NiHCF 膜在混合溶液中出现明显的双阳极峰，其中低电位峰（E_1）对应 Ba^{2+} 的出峰电位，高电位峰（E_2）对应 Mg^{2+} 的出峰电位，并且随着 Ba^{2+} 含量增加，峰电流降低且双峰均有向高电位偏移的趋势。为了进一步探讨混合溶液中的离子选择性，采用镀铂石英晶片基体沉积 NiHCF 薄膜通过 EQCM 在线检测了不同浓度比混合溶液中的循环伏安图及其频率响应并转换为膜的质量改变，如图 5-8 所示。

如图 5-8（a）所示，Ba^{2+} 浓度对 CV 图形的影响非常明显，由于电沉积基体材料不完全相同，且膜在连续多次循环扫描中可能会有少许脱落，图 5-8（a）与图 5-7（b）中的 CV 图形略有差异，但仍可看到图 5-8（a）中的 CV 图在混合溶液中有 2 个阳极峰，只不过 E_1 峰是以肩峰形式出现的。图中 CV 曲线的阴阳极峰随 Ba^{2+} 浓度的增加均向高电位偏移，表明在还原过程中 Ba^{2+} 更容易脱水进入薄膜，而在氧化过程中置入膜内的 Ba^{2+} 由于具有较大的离子半径需要在较高的阳极电位下才能被释放，因此在 Ba^{2+}/Mg^{2+} 混合溶液中 NiHCF 膜对 Ba^{2+} 有更高的选择性。由图 5-8（b）中 NiHCF 膜在各个溶液中的质量改变曲线图可知，氧化过程膜的质量减少，对应阳离子释放；而还原过程膜的质量增加，对应阳离子的置入。随着混合溶液中 Ba^{2+} 浓度的增加可以明显看出膜的质量改变量 Δm 有增加的趋势，尤以 Ba^{2+} 浓度从 0 增加到 $0.01 mol/L$ 区间变化较为显著，对应的 Δm 由 $0.5 \mu g/cm^2$ 增加到 $1 \mu g/cm^2$。由于 Ba^{2+} 的原子量远大于 Mg^{2+}，膜中置入同样数量的 Ba^{2+} 将会使其质量得到增加，进一步证实膜在混合溶液中对 Ba^{2+} 的选择性。根据 Rassat[10] 等推荐的方法，结合图 5-8 的循环伏安曲线和 EQCM 质量改变曲线分别计算积分电荷量及其相应的表观摩尔质量，当混合溶液中 Mg^{2+}/Ba^{2+} 浓度比分别为 99 和 9 时，估算混合溶液中的 Ba^{2+}/Mg^{2+} 的平均分离系数分别为 52.43 和 13.12，且 Ba^{2+} 浓度越低其分离系数越高。

5.3.2 NiHCF 膜对 Mg^{2+}/Sr^{2+} 的选择性

图 5-9 是 NiHCF 膜在 Mg^{2+}/Sr^{2+} 混合溶液中的循环伏安图及相应的质量变化图。由 5-9（a）的循环伏安曲线可知 NiHCF 膜在混合溶液

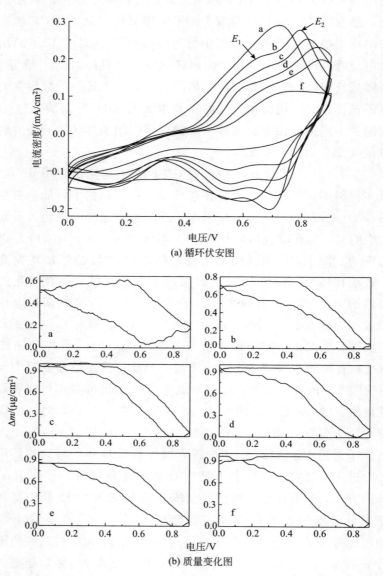

图 5-8　NiHCF 膜在 Mg^{2+}/Ba^{2+} 混合溶液中的循环伏安和质量变化图

中为双阳极峰，在纯溶液中为单峰，结合图 5-7（a）可知，低电位阳极峰对应 Sr^{2+} 的出峰位置，高电位阳极峰对应 Mg^{2+} 的出峰位置，随着溶液中 Sr^{2+} 含量的增加，与 Sr^{2+} 对应的峰逐渐向高电位偏移，与 Mg^{2+} 对应

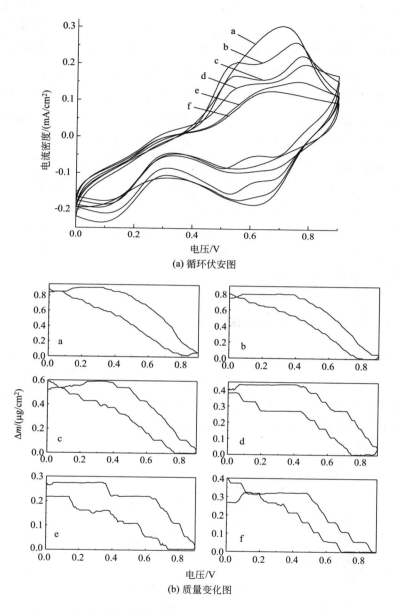

(a) 循环伏安图

(b) 质量变化图

图 5-9 石英晶体基体 NiHCF 膜在 Mg^{2+} /Sr^{2+} 混合溶液中的
循环伏安和质量变化图

的峰逐渐消失，表明 NiHCF 膜对 Sr^{2+} 的选择性大于 Mg^{2+}。峰电流的减小可能是由于氧化还原过程中膜的损失和活性位的不完全置入所致。

图 5-9（b）是与图 5-9（a）相对应的质量变化图，在不同的混合溶液中，NiHCF 薄膜经过一次氧化还原循环后，Δm 不变，随着溶液中 Sr^{2+} 浓度的增加，离子进出薄膜引起的质量变化呈递减的趋势，由 $0.8\mu g/cm^2$ 减小到 $0.3\mu g/cm^2$。一般来讲，锶的原子量大约是镁的 3.6 倍，当 Sr^{2+} 与 Mg^{2+} 进行交换进入膜内时引起的质量变化理论上应该增大，Δm 的减小可能是由于以下因素共同作用的结果：a.电极表面膜的损失；b.膜内的活性位不等价；c.膜在纯溶液和混合溶液中氧化还原循环时，离子置入置出引起的溶剂变化不同[10]；d.膜内离子之间的互斥作用。经过计算得出在 Mg^{2+}/Sr^{2+} 浓度比分别为 99 和 9 的混合溶液中，膜对 Sr^{2+}/Mg^{2+} 的分离系数分别为 24.25 和 5.16，定量地说明了 NiHCF 膜对 Sr^{2+} 选择性大于 Mg^{2+}。

5.3.3　NiHCF 膜寿命/稳定性

循环寿命是评价电控离子交换膜性能的一个重要指标。循环伏安图模拟 ECIS 过程中氧化还原状态间的转化，能够用来测定其循环稳定性。通过在 0.1mol/L 碱土金属溶液中以 25mV/s 的扫速循环 500 次来考察其循环伏安图及离子交换容量随循环次数的衰减程度。由图 5-10

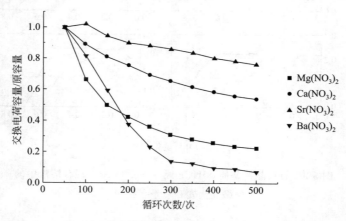

图 5-10　NiHCF 膜在不同碱土金属溶液中的归一化的寿命图

可知，在经历 500 次扫描后，铂基体上的薄膜在不同溶液中交换电荷容量依次衰减为原来的 22.4％、54％、76.3％、7.2％，比较而言，NiHCF膜在 $Sr(NO_3)_2$ 溶液中的稳定性最好。离子在进出薄膜的过程中，一方面与水合离子半径和晶格通道半径有关；另一方面与静电相互作用和离子极化能力有关，微晶沉积物的晶格缺陷以及膜的结构对电化学行为影响很大。

5.4　本章小结

采用 FeHCF-PPy/PSS ESIP 膜原位电位强化的离子传递系统能有效地去除稀水溶液中的 Ca^{2+}、Mg^{2+}。以不锈钢丝网作为导电基体，通过两步电化学沉积方法制备的 FeHCF-PPy/PSS 电活性膜用作 ESIP 膜，考察了 FeHCF 夹层、施加到膜上的脉冲（恒定）电位等对于 Ca^{2+}、Mg^{2+} 分离的影响。FeHCF 夹层明显地提高了膜的界面强度，改善了膜的表面形貌，增强了膜的电活性以及离子通量；相比于恒定电位，施加到膜上的脉冲电位更有利于提高膜的去除效率。

我们将电控离子分离技术用于碱土金属离子的分离：采用电化学方法在铂基体/镀铂的石英晶片上制得 MHCF（M＝Ni、Co、Cu）系列膜，在碱土金属硝酸盐溶液中检测了系列膜的电化学活性；通过循环伏安法和石英晶体微天平探讨了系列膜对 Mg^{2+}/Ba^{2+}、Mg^{2+}/Sr^{2+} 的选择性。总体来说，NiHCF 膜对 Ba^{2+}、Sr^{2+} 的选择性大于 Mg^{2+}，可用于碱土金属离子的电控离子分离。在以后的工作中，通过选择针对不同目标离子的 ESIP 膜，结合本章提出的原位电位强化的离子传递系统，可用于分离稀溶液或工业废水中的其他目标离子，并且本章的研究丰富了过渡金属铁氰化物的种类以及拓展了在电控离子分离方面的应用。

◉ 参考文献

[1] Gabrielli, C., Maurin, G., Francy-Chausson, H., et al. Electrochemical water softening: principle and application [J]. Desalination, 2006, 201(1): 150-163.

［2］ Davey, J., Ralph, S., Too, C.,et al. Synthesis, characterisation and ion transport studies on polypyrrole/polyvinylphosphate conducting polymer materials ［J］. Synthetic metals, 1999, 99(3): 191-199.

［3］ Partridge, A., Milestone, C., Too, C.,et al. Polypyrrole based cation transport membranes ［J］. Journal of membrane science, 1999, 152(1): 61-70.

［4］ Price, W., Too, C., Wallace, G. G.,et al. Development of membrane systems based on conducting polymers ［J］. Synthetic Metals, 1999, 102 (1): 1338-1341.

［5］ Akieh, M. N., Ralph, S. F., Bobacka, J.,et al. Transport of metal ions across an electrically switchable cation exchange membrane based on polypyrrole doped with a sulfonated calix ［6］arene ［J］. Journal of Membrane Science, 2010, 354(1): 162-170.

［6］ Hashaikeh, R., Lalia, B. S., Kochkodan, V.,et al. A novel in situ membrane cleaning method using periodic electrolysis ［J］. Journal of Membrane Science, 2014, 471: 149-154.

［7］ Lee, H.-J., Hong, M.-K., Moon, S.-H. A feasibility study on water softening by electrodeionization with the periodic polarity change ［J］. Desalination, 2012, 284: 221-227.

［8］ Jeerage, K. M., Schwartz, D. T. Characterization of Cathodically Deposited Nickel Hexacyanoferrate for Electrochemically Switched Ion Exchange ［J］. Separation Science and Technology, 2000, 35(15): 2375-2392.

［9］ 郝晓刚, 郭金霞, 张忠林, 等. 电沉积铁氰化镍薄膜的电控离子交换性能 ［J］. 化工学报, 2005, (12).

［10］ Rassat, S. D., Sukamto, J. H., Orth, R. J.,et al. Development of an electrically switched ion exchange process for selective ion separations ［J］. Separation and Purification Technology, 1999, 15(3): 207-222.

6 稀土金属钇离子分离

6.1 引言

稀土元素素有"工业维生素"之称，因其卓越的电学、磁学、光学以及生物学性能而被广泛地应用于电子、冶金和航空等重要工业领域[1,2]。近年来，随着经济不断发展，稀土元素的需求量也随之逐年递增[3]。由于全球稀土资源有限，因而从废水以及废弃的电子设备中回收稀土元素具有重要的意义。传统的分离和回收方法主要包括溶剂萃取[4]、化学沉淀[5]、离子交换[6]、膜分离[7] 以及吸附[8] 等方法。其中，溶剂萃取法的萃取过程与分级沉淀、分级结晶、离子交换等分离方法相比，具有分离效果好、生产能力大、便于快速连续生产、易于实现自动控制等一系列优点，因而逐渐变成分离大量稀土的主要方法；吸附法具有高效、设备简单以及可重复操作等优点而备受关注。因此，大量研究关注于开发针对不同稀土元素、具有高容量及高选择性的功能型吸附材料[8,9]。

钇是一种典型的稀土元素，在水溶液中通常以正三价的离子形态存在，且钇离子的第一层结合水圈含有 8 个水分子[10]。当水合 Y^{3+} 在液固界面被吸附时，通常会脱去部分甚至全部水合离子，而这一过程为耗能过程。基于此，当吸附剂的结合位点与 Y^{3+} 结合时需要提供其脱水所需要的能量。此外，可以通过增强离子置入膜内的驱动力来补偿金属离子的脱水结合能。

6.2 离子印迹聚合物吸脱附钇离子

6.2.1 离子印迹聚合物

离子印迹技术正成为一种针对目标离子具有高选择、高离子交换容量的新型分离技术[11,12]。研究一种通过 UPEP 合成方法实现印迹离子在线原位脱除的技术。在这一过程中，基于铁氰根与 Ni^{2+} 之间不稳定的配位反应，印迹的金属 Ni^{2+} 可以巧妙地通过电势振荡在线被置出膜外，进而有效地避免了传统方法所需的大量清洗步骤，使合成过程更加简单、高效[13]。此外，由于氧化还原状态过程中，络合单体铁氰根与目标金属离子的结合力可以调控，进而解决了重金属离子由于与吸附剂官能团结合较强而难以从吸附剂中释放的问题[13,14]。

一般而言，在 ESIX 过程中，电活性膜的氧化还原诱导产生离子交换的同时，会伴随有大量的溶液交换[15]。因此，在离子交换过程中要同时考虑溶剂传递的影响。

6.2.2 离子印迹 FCN/PPy 复合膜

（1）Y^{3+}-FCN/PPy 复合膜的制备及机理

在 VMP3 恒电位仪的控制下，采用三电极体系制备不同离子印迹的 FCN/PPy 复合膜。其中，9MHz At-切的镀 Pt 石英晶片（有效面积为 $0.2cm^2$）为工作电极，铂丝为对电极，饱和甘汞电极（SCE）为参比电极。整个电解池浸入 10℃ 的恒温水浴中，保持复合膜在较低温下合成。无离子印迹 FCN/PPy 复合膜的合成液包括 5mmol/L 吡咯单体、5mmol/L $K_3Fe(CN)_6$、0.1mol/L KCl 以及 0.1mol/L HCl；Ni^{2+}-FCN/PPy 复合膜的制备液为在无离子印迹 FCN/PPy 复合膜混合液中另加入 5mmol/L $NiCl_2$；Y^{3+}-FCN/PPy 复合膜在无离子印迹 FCN/PPy 复合膜混合液中另加入 5mmol/L YCl_3。

采用 UPEP 方法合成一种 Y^{3+} 印迹的 FCN/PPy 复合膜，通过精确地调控脉冲电位参数实现印迹 Y³⁺ 的原位脱除。PPy 和 FCN 离子分别作为导电交联剂和络合单体。图 6-1（a）所示为制备过程中，电极电位和电流密度对时间的变化曲线。

如图 6-1（b）所示，复合膜在制备过程中，其质量变化呈现波动上升的趋势，表明在聚合过程中部分掺杂离子从膜内不断地置入。此外，图中的总质量变化曲线呈现线性增长趋势。一方面表明复合膜在电极表面均匀地增长；另一方面说明可以通过控制聚合时间来调控电活性复合

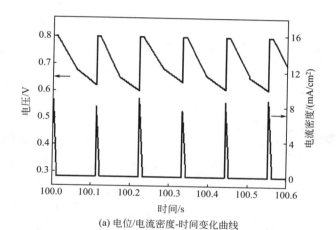

(a) 电位/电流密度-时间变化曲线

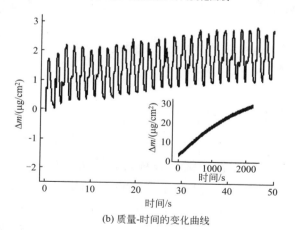

(b) 质量-时间的变化曲线

图 6-1 Y³⁺-FCN/PPy 复合膜在制备过程中的电位/
电流密度-时间和质量-时间的变化曲线

膜的沉积量。

根据 HSAB 理论，由于作为硬酸的 Y^{3+} 与作为软碱的 FCN 离子之间相对较弱的结合力，因此与 FCN 结合的 Y^{3+} 容易在 0.8V 的高电位排斥作用下置出膜外。Y^{3+}-FCN/PPy 复合膜的制备机理如图 6-2 所示，通过这一过程将在复合膜中形成 Y^{3+} 印迹的孔穴。

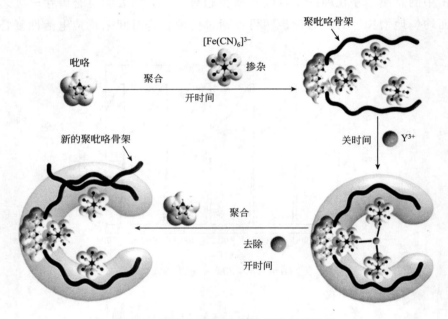

图 6-2　Y^{3+}-FCN/PPy 复合膜的制备机理

（2）Y^{3+}-FCN/PPy 复合膜的表征

将以上 3 种不同离子印迹的 FCN/PPy 复合膜置入 0.1mol/L $Y(NO_3)_3$ 溶液中，采用循环伏安法对其离子交换行为进行表征，其中扫描电位为 $-0.9 \sim 0.6$V，扫速为 25mV/s。通过在 $-0.2 \sim 0.8$V 之间调整工作电极电位，进而改变复合膜的氧化还原状态。同时，采用 EQCM 监测该过程复合膜的质量变化。其中，电位阶跃次数为 5 次，每次持续时间为 50s。此外，采用 EDS、FTIR 和 XPS 技术分别对处于氧化态（0.8V）和还原态（-0.2V）的复合膜进行表征。

本研究采用 EDS 图谱分析 Y^{3+}-FCN/PPy 复合膜表面的元素组成，其结果如图 6-3（a）所示。由图可知，C 和 N 元素源于聚吡咯中的吡咯环以及 FCN 离子中的 C≡N 键；元素 Cl 来自于掺杂到膜内的 Cl 离子。图谱中出现的 Fe 元素进一步表明 FCN 离子成功地掺杂到了复合膜中。此外，EDS 图谱中没有出现 Y 元素的峰，表明 Y^{3+} 在制备过程中被置出膜外。

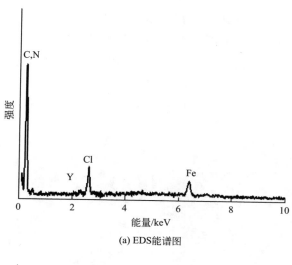

(a) EDS能谱图

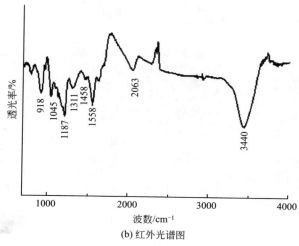

(b) 红外光谱图

图 6-3 Y^{3+}-FCN/PPy 复合膜的 EDS 能谱图和红外光谱图

图 6-3（b）所示为 Y^{3+}-FCN/PPy 复合膜的红外光谱图。图中 1458cm^{-1} 和 1558cm^{-1} 处的吸收峰分别对应吡咯环的对称和不对称伸缩振动；918cm^{-1} 处的峰为 C-H 的摇摆振动；1045cm^{-1} 和 1311cm^{-1} 处的峰为═C─H 键的面内振动；1187cm^{-1} 处的峰对应 C-N 键的伸缩振动[16,17]。此外，Y^{3+}-FCN/PPy 复合膜在 2063cm^{-1} 处出现的吸收峰对应 FCN 离子中 C≡N 的伸缩振动[18]，表明 FCN 被成功地掺杂到复合膜中。

图 6-4 所示为 Ni^{2+}-FCN/PPy 复合膜在不同电极脉冲制备次数下的扫描电子显微镜图。当脉冲沉积次数只有 1000 次时，如图 6-4（a）所示，导电基体铂片表面上沉积有一层超薄而且均匀的薄膜，此时由于复合膜的厚度较低，因此铂片表面的刻纹仍然清晰可见。这一过程中，由于铂基体本身优良的导电性和电催化活性，吡咯单体可以迅速地经过电化学氧化和聚合，并掺杂 FCN 离子形成 Ni^{2+}-FCN/PPy 复合膜。当脉

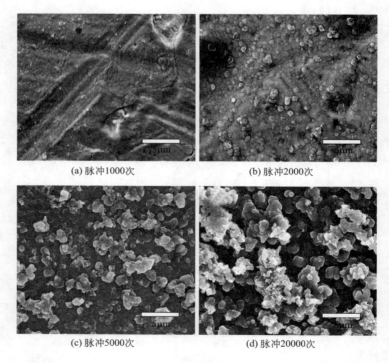

(a) 脉冲1000次　　　　　　　　　　(b) 脉冲2000次

(c) 脉冲5000次　　　　　　　　　　(d) 脉冲20000次

图 6-4　在单极脉冲次数为 1000 次、2000 次、5000 次、20000 次的条件下制备出 Ni^{2+}-FCN/PPy 复合膜的 SEM 图片

冲次数增加到 2000 次时，如图 6-4（b）所示，复合膜表面开始出现部分无规则的菜花状颗粒。这表明随着反应进行，Ni^{2+}-FCN/PPy 复合膜开始在之前已形成均匀复合膜表面增长。由于与纯铂片相比，第一过程中已形成的 Ni^{2+}-FCN/PPy 复合膜在纳米尺度范围内具有不同的催化活性位点，因此在其上继续生长的复合膜呈现散点式分布。如图 6-4（c）所示，当脉冲电沉积的次数增加到 5000 次时，Ni^{2+}-FCN/PPy 复合膜在原有颗粒形貌的基础上继续增长。此后，随着脉冲电沉积的次数达到 20000 次时，在复合膜表面可以观察到一层均匀的三维结构。此外，如图 6-5 所示为当脉冲电沉积的次数达到 20000 次时制备所得 Y^{3+}-FCN/PPy 复合膜的表面 SEM 图。由图可知，Y^{3+}-FCN/PPy 复合膜同样表现出均匀的三维结构。这种结构与致密的薄膜结构相比，可以提供更高的接触面积，进而有利于提高其离子交换容量。

图 6-5   在单极脉冲次数为 20000 次的条件下制备出
Y^{3+}-FCN/PPy 复合膜的 SEM 图片

6.2.3 Y^{3+}-FCN/PPy 复合膜的吸附效果研究

研究中结合 CV 法和 EQCM 技术对 Y^{3+}-FCN/PPy 复合膜在氧化还原过程中的离子交换进行表征，并对比了无离子印迹 FCN/PPy 复合膜。

由图 6-6（a）可知非离子印迹的 FCN/PPy 复合膜表现出阴阳离子同时交换的特性，而且阳离子的交换主要发生在低电位。图 6-6（b）电势阶跃过程中的质量变化曲线与图 6-6（a）中的制备变化相一致。此外，FCN/PPy 复合膜的质量呈现整体上升的趋势，这主要是由于在 ESIX 过程中，溶剂分子通常也会以"结合水分子"或者"自由水分子"的形态伴随离子参与到置入与释放的过程中，从而导致 FCN/PPy 复合膜整体的质量增加[19]。

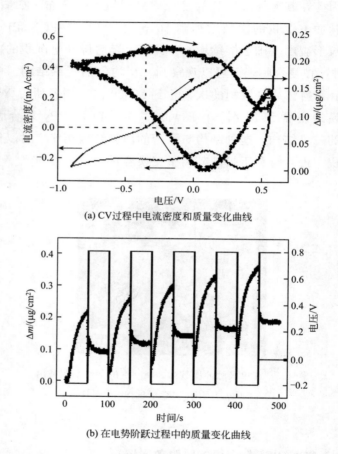

(a) CV过程中电流密度和质量变化曲线

(b) 在电势阶跃过程中的质量变化曲线

图 6-6　无离子印迹的 FCN/PPy 复合膜在 CV 过程中的电流密度和质量变化曲线以及在电势阶跃过程中的质量变化曲线

图 6-7（a）所示表明 Y^{3+}-FCN/PPy 复合膜在氧化还原过程中的质量变化规律与非离子印迹的 FCN/PPy 复合膜存在明显不同。Y^{3+}-FCN/PPy 复合膜这一单调的质量变化表明其具有纯的阳离子交换性能，这主要归

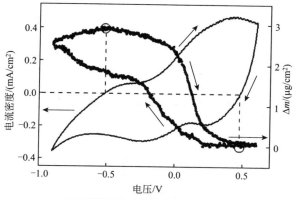

(a) 在CV过程中电流密度和质量变化曲线

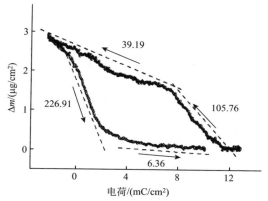

(b) 在CV过程中质量对电量的变化曲线

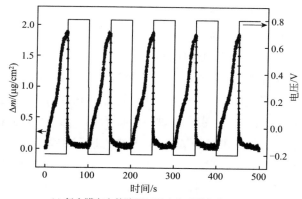

(c) 复合膜在电势阶跃过程中的质量变化曲线

图 6-7

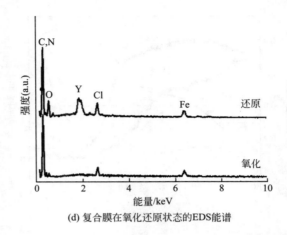

(d) 复合膜在氧化还原状态的EDS能谱

图 6-7　Y^{3+}-FCN/PPy 复合膜电控离子交换性能测试及表征

因于该复合膜在制备过程中产生的针对 Y^{3+} 具有特殊识别能力的离子印迹孔穴。

为进一步定量分析 Y^{3+}-FCN/PPy 复合膜的离子交换过程，本研究通过以下方程定义表观摩尔质量：

$$M' = \frac{\Delta m}{Q/zF} \tag{6-1}$$

式中　M'——交换离子表观摩尔质量，即单位氧化或还原电量引发离子交换而产生的质量变化；

　　Δm——复合膜的质量变化；

　　F——Faraday 常数；

　　z——交换离子所带的电荷量；

　　Q——电活性材料在氧化或还原过程中消耗的电荷量。

图 6-7 （b）所示为 Y^{3+}-FCN/PPy 复合膜在循环伏安过程中质量变化 Δm 随电量变化的曲线图。从图中可以看出，质量对电量的变化存在 4 个明显不同的阶段。在复合膜质量增加的过程中，第一个线性阶段对应扫描电势从 0.21V 负向扫描到 -0.25V。而第二个线性上升阶段对应扫描电势从 -0.25V 负向扫描到 -0.9V，再正向回到 -0.51V。这两段过程对应的表观摩尔质量分别为 105.76g/mol 和 39.19g/mol，表明电控离子交换过程中存在两个明显不同的阶段。首先，如果假设 Y^{3+}-

FCN/PPy复合膜在电化学还原过程中得到3个电子的同时对应1个三价的Y^{3+}置入膜内以平衡复合膜还原产生的负电荷,那么理论的表观摩尔质量应该为Y^{3+}的摩尔质量(88.91g/mol)。在第一个电控离子交换阶段,计算所得的表观摩尔质量为105.76g/mol,明显大于Y^{3+}的摩尔质量。二者之间的差值表明电控离子交换过程中,除了钇离子外还有部分结合水分子随Y^{3+}一起被置入膜内。而相比第一阶段,第二阶段表观摩尔质量的减少是由于在置入Y^{3+}的同时伴随自由水分子的释放,造成净增重量的减少。此外,随着体积约束力不断加大,Y^{3+}的扩散阻力也会随之增加。通常,离子的置入过程可以分为液固相界面置入和置入的离子向膜内层扩散这两个过程[20]。当第一阶段表面电控离子交换饱和以后,被置入的Y^{3+}需要克服更多的阻力向膜内传递,因而需要消耗更多的电荷,同样会促使表观摩尔质量下降。Y^{3+}的释放过程是一个质量急速下降的阶段,通过计算所得的表观摩尔质量为226.91g/mol。表明被置入的Y^{3+}可以很容易地被置出膜外。在离子置出的过程中,除了会受到电位驱动的影响,同时还会受其他因素例如复合膜体积的变化以及聚合物主链的构象变位[21,22]。

图6-7(c)所示为Y^{3+}-FCN/PPy复合膜在0.1mol/L $Y(NO_3)_3$溶液中交替变化其还原(-0.2V)和氧化(0.8V)状态过程中产生的质量变化曲线。表明Y^{3+}释放过程中所需要的能力显著低于其置入过程。当电极电位交替变化时,Y^{3+}-FCN/PPy复合膜质量表现周期变化的规律,表明该复合膜可以通过调节电极电位快速地实现再生。此外,与非离子印迹的FCN/PPy复合膜相比,其质量变化没有出现明显的整体漂移,这表明置入膜内的结合水可以伴随Y^{3+}同时被置出膜外。

如图6-7(d)所示,当Y^{3+}-FCN/PPy复合膜处于还原态时,出现了明显的Y元素的特征峰,而当该复合膜被氧化时,Y元素的特征峰消失。结果进一步表明Y^{3+}-FCN/PPy复合膜在氧化还原过程中产生的质量变化主要是由于Y^{3+}的置入与释放引起的。此外,其氧化状态中的O元素的特征峰值显著低于其还原态。这主要是由于Y^{3+}在置出膜外的过程中,与其共存的结合水分子也同时被置出膜外。

在Y^{3+}-FCN/PPy复合膜的循环伏安过程中,扫描时间会对其离子交换机理产生重要的影响。图 6-8（a）所示为 Y^{3+}-FCN/PPy 复合膜在 10mV/s、25mV/s 以及 50mV/s 扫速下的循环伏安曲线。如图所示随着扫速的不断增加，氧化还原电流也随之增加。图 6-8（b）所示为不同扫速下氧化峰电流随扫速的变化曲线。随着扫速的增加，峰电流呈线性增加趋势，表明离子的吸脱附过程受表面扩散的影响[23]。图 6-8（c）所示为不同扫速下，Y^{3+}-FCN/PPy 复合膜在氧化还原过程中的质量变化曲线。由图可知，在不同的时间尺度下，Y^{3+}-FCN/PPy 复合膜的质量变化没有明显的不同。即使在 50mV/s 的高扫速下，该复合膜也可以在较短时间内迅速达到吸脱附平衡，该复合膜具有较低的离子传递阻力。

为进一步表征不同离子印迹的 FCN/PPy 复合膜对 Y^{3+} 的电控离子交换过程，同时考察了 Ni^{2+}-FCN/PPy 复合膜在 0.1mol/L $Y(NO_3)_3$ 溶液中的离子交换行为。

图 6-9（a）表明 Ni^{2+}-FCN/PPy 复合膜与 Y^{3+}-FCN/PPy 复合膜具有相同的质量变化趋势，然而两者质量变化的行为却完全不同。在 Ni^{2+}-FCN/PPy 复合膜的氧化还原过程中，其 75% 以上的质量变化主要发生在 0.25～0.6V 的高电位。在该复合膜的还原过程中图 6-9（b）中，同样可以观察到 2 个明显不同的质量增加曲线，根据计算，平均每 1 个 Y^{3+} 置入 Ni^{2+}-FCN/PPy 复合膜内，大约结合 4.6 个水分子。而当 Y^{3+} 置入 Y^{3+}-FCN/PPy 复合膜内时，伴随的结合水分子数为 1。这是由于 Ni^{2+}-FCN/PPy 复合膜中离子印迹孔穴的直径小于 Y^{3+}-FCN/PPy 复合膜中孔穴的直径，Y^{3+} 在置入 Y^{3+}-FCN/PPy 复合膜时，更容易脱去结合水。这表明相对较小的离子印迹孔穴可以为 Y^{3+} 的置入提供较强的络合力。基于记忆效应 Y^{3+}-FCN/PPy 复合膜中印迹孔穴的配位结构更加适合于 Y^{3+}[24~26]。因此，Y^{3+}-FCN/PPy 复合膜中的结合位点更容易补偿 Y^{3+} 脱水过程中消耗的能量。在 Ni^{2+}-FCN/PPy 复合膜置入 Y^{3+} 的第二个阶段，其质量小于计算所得表观摩尔质量，仅为 5.09g/mol。说明基于 Ni^{2+}-FCN/PPy 复合膜中半径相对较小的离子印迹孔穴促使离子扩散阻力明显增加，进而显著地阻碍了离子向复合膜内层扩散。

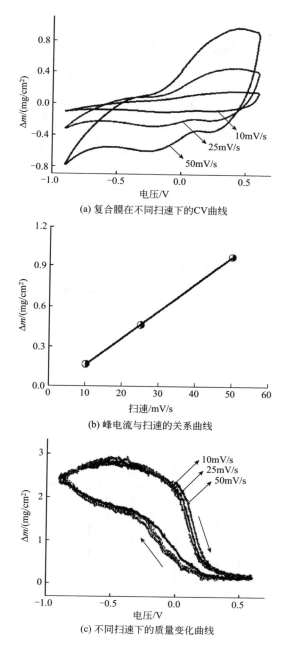

(a) 复合膜在不同扫速下的CV曲线

(b) 峰电流与扫速的关系曲线

(c) 不同扫速下的质量变化曲线

图 6-8 Y^{3+}-FCN/PPy 复合膜在不同扫速下的 CV 曲线，峰电流与扫速的
关系曲线以及不同扫速下的质量变化曲线

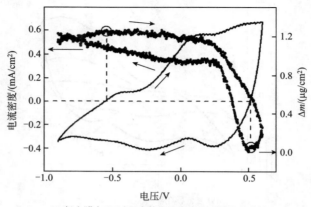

(a) 复合膜在CV过程中的电流密度和质量变化曲线

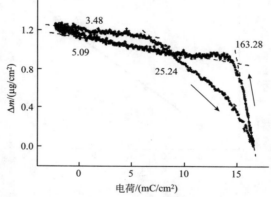

(b) 复合膜在CV过程中质量对电量的变化曲线

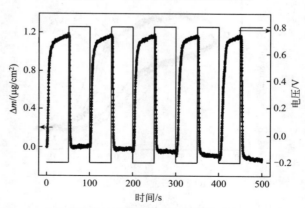

(c) 复合膜在电势阶跃过程中的质量变化曲线

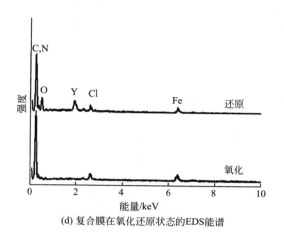

(d) 复合膜在氧化还原状态的EDS能谱

图 6-9 Ni^{2+}-FCN/PPy 复合膜在 CV 过程中的电流密度和质量变化曲线，
质量对电量的变化曲线，该复合膜在电势阶跃过程中的质量变化曲线，该复合膜在
氧化还原状态的 EDS 能谱

总而言之，电活性离子印迹聚合物的电控离子交换性能受其离子印迹孔穴尺寸和结合位点空间化学的显著影响。与 Ni^{2+}-FCN/PPy 复合膜相比，Y^{3+}-FCN/PPy 复合膜对 Y^{3+} 表现出更好的电控离子交换容量主要源于其对 Y^{3+} 良好的记忆效应。

图 6-9（a）表明 Ni^{2+}-FCN/PPy 复合膜与 Y^{3+}-FCN/PPy 复合膜具有相同的质量变化趋势，然而两者质量的变化的行为却完全不同。在 Ni^{2+}-FCN/PPy 复合膜的氧化还原过程中，其 75％以上的质量变化发生在 0.25～0.6V 的高电位。在该复合膜的还原过程图 6-9（b）中，同样可以观察到 2 个明显不同的质量增加曲线。然而，值得注意的是结合图 6-7（c），被置入的 Y^{3+} 在 Ni^{2+}-FCN/PPy 复合膜中的释放速率要低于 Y^{3+}-FCN/PPy 复合膜，进一步表明 Y^{3+} 与 Ni^{2+}-FCN/PPy 复合膜中的 FCN 离子之间存在较强的结合力。这主要可以归因于 Ni^{2+}-FCN/PPy 复合膜中较小的离子印迹孔穴半径可以使 Y^{3+} 与 FCN 离子之间的作用半径缩短，进而增强二者的结合力。所以只有当电极电位处于更高的 0.25V 时，被置入的 Y^{3+} 才开始从复合膜内被释放出去。

图 6-9（d）所示为 Ni^{2+}-FCN/PPy 复合膜在其电化学氧化与还原状

态下的 EDS 能谱图。如图所示，该复合膜在氧化状态和还原状态下同时出现的 C 和 N 元素主要是源于 PPy，Cl 离子主要是源于掺杂的 Cl 离子，而 Fe 元素主要来自于 FCN 离子。此外，该复合膜在还原态的图谱中出现的 Y 和 O 元素可以表明：当 Ni^{2+}-FCN/PPy 复合膜在 -0.2V 的电极电位下被还原时，溶液中的 Y^{3+} 以水合离子的形态被置入膜内，其中 O 元素来自于结合水。当该复合膜在 0.8V 的电极电位下被氧化时，其 EDS 图谱中消失的 Y 和 O 元素的特征峰进一步表明置入膜内的 Y^{3+} 及其结合水在氧化过程中被有效地从膜内置出。

通过 XPS 分析了 Y^{3+}-FCN/PPy 复合膜在 Y^{3+} 置入与释放 2 种状态下的电子结构与元素组成。图 6-10 所示为 Y^{3+}-FCN/PPy 复合膜在氧化/还原状态下的高分辨 XPS 图谱。如图 6-10（a）所示，在 158.5eV 和 160.5eV 处出现的结合能峰分别对应 $Y\ 3d_{5/2}$ 和 $Y\ 3d_{3/2}$，这表明在 -0.2V 的扫描电位下 Y^{3+} 可以被置入膜内。而当该复合膜在 0.8V 的条件下，通过电化学氧化法再生时 XPS 图谱中的一对 3d 结合能峰消失。这一结果与 Y^{3+}-FCN/PPy 复合膜的 EDS 能谱数据相一致，进一步表明可以通过调节 Y^{3+}-FCN/PPy 复合膜的氧化还原状态进而实现 Y^{3+} 可逆的置入与释放。

图 6-10（b）所示为 Y^{3+}-FCN/PPy 复合膜分别处于还原态和氧化态下 Fe 元素的 XPS 图谱。当 Y^{3+}-FCN/PPy 复合膜处于还原态时，其位于 708.5eV 和 726.1eV 处的结合能峰分别对应氰基配位 Fe（Ⅱ）的 $2p_{3/2}$ 和 $2p_{1/2}$；而当该复合膜处于氧化态时，图谱中位于 710.1eV 和 724.0eV 处的结合能峰分别对应氰基配位 Fe（Ⅲ）$2p_{3/2}$ 和 Fe（Ⅲ）$2p_{1/2}$[27]。处于 -0.2V 的还原态的 Y^{3+}-FCN/PPy 复合膜在 0.8V 的电位下发生氧化时，Fe（Ⅱ）向 Fe（Ⅲ）转化，表明该复合膜中的 Fe $(CN)_6^{4-}$ 被氧化为 Fe $(CN)_6^{3-}$。因此，在 Y^{3+}-FCN/PPy 复合膜中，FCN 离子不仅可以作为产生离子印迹孔穴的络合单体，同时可以被看做是为目标 Y^{3+} 的置入与释放提供电场驱动力的电活性功能位点。Y^{3+}-FCN/PPy 复合膜处于还原态和氧化态两种情况下的 N 元素图谱分别如图 6-10（c）、（d）所示。如图 6-10（c）所示，处于电化学还原状态的复合膜中，这 3 种结构分别指碳氰键（C≡N）[36]、类胺结构（—NH—）和极化子（—NH+—）[32][26]。

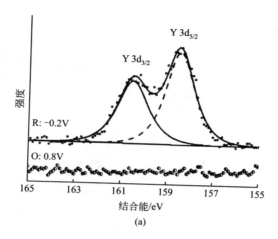

(a)

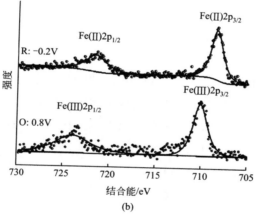

(b)

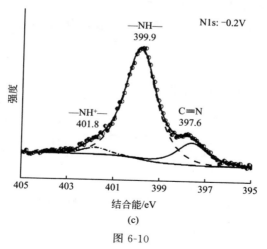

(c)

图 6-10

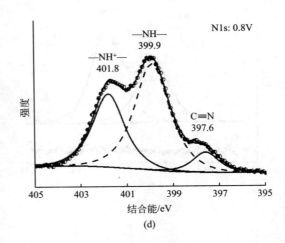

图 6-10　Y^{3+}-FCN/PPy 复合膜在氧化/还原状态下的 XPS 图谱

通过比较图 6-10（c）、（d）中 3 种峰的不同强度可以看出，当 Y^{3+}-FCN/PPy 复合膜在 0.8V 的电位下被氧化时，极化子（—NH$^+$—）中对应 N 元素的峰强度明显增强，而类胺结构（—NH—）中 N 元素的峰强度相对减弱，这表明 PPy 在氧化的过程中电子可以从 N 原子上传递到工作电极的导电基体上，从而形成具有极化子结构的（—NH$^+$—）。在此基础上，置入膜的 Y^{3+} 在这一较强正电荷的排斥作用下被置出膜外。因此，在 FCN 和 PPy 的双重推动作用下，Y^{3+} 可以在 Y^{3+}-FCN/PPy 复合膜中实现快速并且可逆地置入与释放，其具体交换过程如图 6-11 所示。

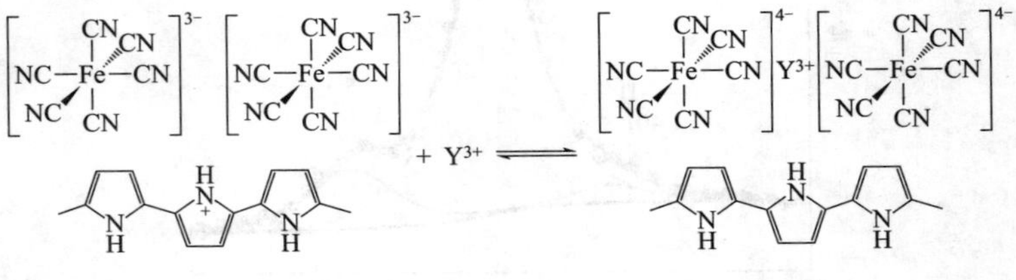

图 6-11　Y^{3+}-FCN/PPy 复合膜的离子交换机理

此外，通过 FTIR 进一步分析了 Y^{3+}-FCN/PPy 复合膜的 ESIX 机理。由图 6-12 可知，与还原态 Y^{3+}-FCN/PPy 复合膜的 FTIR 相比，其氧化态中处于 $1187cm^{-1}$ 的红外峰强度降低。与此同时，在 $1251cm^{-1}$ 处出现一个新的红外吸收峰。根据相关文献，该红外峰对应 PPy 结构中的极化子（—NH^+—）[28]。极化子的出现表明在 Y^{3+}-FCN/PPy 复合膜的氧化过程中，正电荷可以重新填满 PPy 主链，而 Y^{3+} 在高电位的静电排斥作用下，很容易被置出膜外。

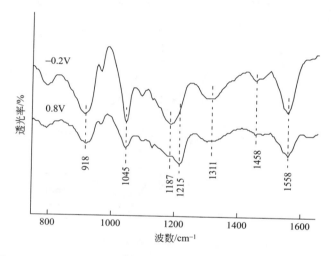

图 6-12　Y^{3+}-FCN/PPy 复合膜在氧化/还原状态下的 FTIR 图谱

6.3　电活性铁氰化镍对稀土钇的电控离子分离

通过电沉积方法分别在镀铂石英晶片和铂基底上制备了电活性铁氰化镍膜，并考察了膜电极在含钇离子溶液中的电控离子交换性能。结果表明：铁氰化镍膜对 Y^{3+} 具有良好的离子交换行为，其中氧化过程薄膜质量减少，对应钇离子的释放；还原过程薄膜质量增加，对应钇离子的置入。在 0.0V 或 0.9V 调控膜电极的氧化还原状态实现对钇离子的有效分离。

　　图 6-13（a）为 NiHCF 膜电极在 Y^{3+} 溶液中的 CV 曲线及相应 EQCM 监测膜质量改变量曲线。由图可见，NiHCF 膜电极在钇离子溶液中的 CV 图有明显的氧化还原峰，通过电化学调节 NiHCF 膜中活性中心 Fe（Ⅱ）和 Fe（Ⅲ）的氧化和还原状态可以方便地调控钇离子的置入和释放，从而实现 ESIX 过程。图 6-13（b）为 NiHCF 膜电极在 Sr^{2+}／Y^{3+} 混合液中的 CV 曲线。由于锶和钇原子质量非常接近，而钇离子的价态较高，故离子交换过程相同质量变化下钇离子对应的电流响应要比锶离子更大。图中其高电位阳极峰（阴极峰）对应钇离子的释放

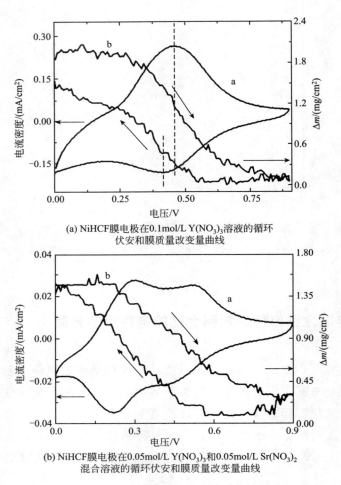

(a) NiHCF膜电极在0.1mol/L Y(NO$_3$)$_3$溶液的循环
伏安和膜质量改变量曲线

(b) NiHCF膜电极在0.05mol/L Y(NO$_3$)$_3$和0.05mol/L Sr(NO$_3$)$_2$
混合溶液的循环伏安和膜质量改变量曲线

图 6-13　NiHCF 膜电极对 Y^{3+} 选择性测试

（置入）；其低电位阳极峰（阴极峰）对应锶离子的释放（置入）。由图可知，该电极对 Y^{3+} 浓度的变化非常敏感。

图 6-14 为铂片基体电沉积 NiHCF 膜表面的 SEM 照片。由照片可见，Pt 基底电沉积的 NiHCF 薄膜呈纳米颗粒状，粒径在 $80 \sim 100$nm 之间，薄膜的多孔结构更有利于离子迁移。

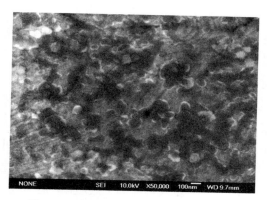

图 6-14　电沉积 NiHCF 膜的 SEM 照片

由图 6-15 可知还原状态下膜内 Y^{3+} 的含量非常明显，而氧化状态下几乎检测不出 Y^{3+} 的存在。此外，浸泡在 Y（NO_3）$_3$ 溶液中的氧化态

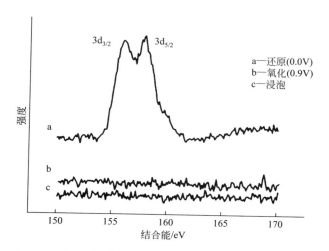

图 6-15　NiHCF 薄膜电极在 0.1mol/L Y（NO_3）$_3$ 溶液还原、
氧化和浸泡 Y 3d 的 XPS 谱图

膜（未经伏安循环）也没有检测 Y^{3+} 峰。可知，NiHCF 膜只有通过调控电极电位才能够使稀土钇离子置入和释放，不加电位调控或未经伏安循环的薄膜在 Y^{3+} 溶液中不具有离子交换能力。

6.4　结论

通过一种灵巧的电位诱导型-离子原位自脱除技术成功合成一种针对稀土三价金属钇为目标离子的离子印迹聚合物。通过在聚合过程中施加电势振荡实现了 Y^{3+} 的原位脱除。由于 Y^{3+}-FCN/PPy 复合膜中 FCN 和 PPy 的产生的双重推动力，该复合膜显示出对 Y^{3+} 优良的电控离子交换性能。通过对比不同离子印迹聚合物对 Y^{3+} 的 ESIX 过程，其结果表明电活性离子印迹聚合物在 Y^{3+} 置入过程中，通常可以分为两个阶段：a Y^{3+} 置入电活性材料的表层；b 被置入的 Y^{3+} 向电活性材料内层的扩散过程。此外，Y^{3+} 在置入与释放的过程中通常会伴随着结合水，而且脱去结合水的数量与电活性离子印迹材料的离子孔穴的尺度以及结合位点的空间化学有关。与 Ni^{2+}-FCN/PPy 复合膜相比，Y^{3+}-FCN/PPy 复合膜对 Y^{3+} 表现出更高的电控离子交换容量，这主要归根于该复合膜中离子孔穴对 Y^{3+} 独特的记忆效应。这一新型的 ESIX 复合膜在污水中分离和回收 Y^{3+} 领域具有巨大的潜在应用价值。

◉ 参考文献

[1] Li, T., Kaercher, S., Roesky, P. W. Synthesis, structure and reactivity of rare-earth metal complexes containing anionic phosphorus ligands [J]. Chemical Society Reviews, 2014, 43 (1): 42-57.

[2] Liu, C., Hou, Y., Gao, M. Are rare-earth nanoparticles suitable for in vivo applications? [J]. Advanced Materials, 2014, 26 (40): 6922-6932.

[3] Binnemans, K., Jones, P. T., Blanpain, B., et al. Recycling of rare earths: a critical review [J]. Journal of Cleaner Production, 2013, 51(0): 1-22.

[4] Abreu, R. D., Morais, C. A. Study on separation of heavy rare earth elements by solvent extraction with organophosphorus acids and amine reagents [J]. Minerals Engineering, 2014, 61(0): 82-87.

[5] Innocenzi, V., De Michelis, I., Ferella, F., et al. Recovery of yttrium from fluo-

rescent powder of cathode ray tube, CRT: Zn removal by sulphide precipitati-
on [J]. Waste Management, 2013, 33(11): 2364-2371.

[6] Knutson, H. -K., Max-Hansen, M., Jönsson, C., et al. Experimental produc-
tivity rate optimization of rare earth element separation through preparative
solid phase extraction chromatography [J]. Journal of Chromatography A,
2014, 1348(0): 47-51.

[7] Wannachod, T., Leepipatpiboon, N., Pancharoen, U., et al. Separation and
mass transport of Nd (Ⅲ) from mixed rare earths via hollow fiber supported
liquid membrane: Experiment and modeling [J]. Chemical Engineering Jour-
nal, 2014, 248(0): 158-167.

[8] Florek, J., Chalifour, F., Bilodeau, F., et al. Nanostructured hybrid materials
for the selective recovery and enrichment of rare earth elements [J]. Ad-
vanced Functional Materials, 2014, 24(18): 2668-2676.

[9] Roosen, J., Spooren, J., Binnemans, K. Adsorption performance of function-
alized chitosan-silica hybrid materials toward rare earths [J]. Journal of Ma-
terials Chemistry A, 2014, 2(45): 19415-19426.

[10] Lee, S. S., Schmidt, M., Laanait, N., et al. Investigation of Structure, Ad-
sorption Free Energy, and Overcharging Behavior of Trivalent Yttrium Ad-
sorbed at the Muscovite(001)-Water Interface [J]. Journal of Physical Chem-
istry C, 2013, 117(45): 23738-23749.

[11] Liu, Y., Meng, X., Luo, M., et al. Synthesis of hydrophilic surface ion-im-
printed polymer based on graphene oxide for removal of strontium from aque-
ous solution [J]. Journal of Materials Chemistry A, 2015, 3(3): 1287-1297.

[12] Ren, Z., Kong, D., Wang, K., et al. Preparation and adsorption characteris-
tics of an imprinted polymer for selective removal of Cr(vi) ions from aqueous
solutions [J]. Journal of Materials Chemistry A, 2014, 2(42): 17952-17961.

[13] Du, X., Zhang, H., Hao, X., et al. Facile preparation of ion-imprinted com-
posite film for selective electrochemical removal of nickel(Ⅱ) ions [J]. ACS
Applied Materials & Interfaces, 2014, 6(12): 9543-9549.

[14] Karmarkar, S. V. Anion-exchange chromatography of metal cyanide comple-
xes with gradient separation and direct UV detection [J]. Journal of Chro-
matography A, 2002, 956(1): 229-235.

[15] Bruckenstein, S., Chen, J., Jureviciute, I., et al. Ion and solvent transfers
accompanying redox switching of polypyrrole films immersed in divalent ani-
on solutions [J]. Electrochimica Acta, 2009, 54(13): 3516-3525.

[16] Yang, P., Zhang, J., Guo, Y. Synthesis of intrinsic fluorescent polypyrrole
nanoparticles by atmospheric pressure plasma polymerization [J]. Applied
Surface Science, 2009, 255(15): 6924-6929.

[17] He, C., Yang, C., Li, Y. Chemical synthesis of coral-like nanowires and nanowire

networks of conducting polypyrrole [J]. Synthetic Metals, 2003, 139(2): 539-545.

[18] Chen, W., Xia, X.-H. Highly stable nickel hexacyanoferrate nanotubes for electrically switched ion exchange [J]. Advanced Functional Materials, 2007, 17(15): 2943-2948.

[19] Akieh, M. N., Price, W. E., Bobacka, J., et al. Ion exchange behaviour and charge compensation mechanism of polypyrrole in electrolytes containing mono-, di- and trivalent metal ions [J]. Synthetic Metals, 2009, 159(23-24): 2590-2598.

[20] Park, H. B., Jung, C. H., Lee, Y. M., et al. Polymers with cavities tuned for fast selective transport of small molecules and ions [J]. Science, 2007, 318 (5848): 254-258.

[21] Otero T. F., Martinez J. G. structural electrochemistry: Canductivities and ionic content from rising reduced polypyrrole films [J]. Advamced Functional Materials, 2014, 24(9): 1259-1264.

[22] Otero T. F., Padilla J. Anodic shrinking and compaction of polypyrrole blend: Electrochemical reduction under conformational relaxation kinetic control [J]. Journal of Electroanalytical chemistry, 2004, 561(0): 167-171.

[23] Wang, Z., Feng, Y., Hao, X., et al. A novel potential-responsive ion exchange film system for heavy metal removal [J]. Journal of Materials Chemistry A, 2014, 2(26): 10263-10272.

[24] Helm, M. L., Stewart, M. P., Bullock, R. M., et al. A synthetic nickel electrocatalyst with a turnover frequency above 100000 s − 1 for H_2 production [J]. Science, 2011, 333(6044): 863-866.

[25] Sun, L.-P., Niu, S.-Y., Jin, J., et al. Crystal structure and surface photovoltage of a series of Ni(Ⅱ) coordination supramolecular polymer [J]. Inorganic Chemistry Communications, 2006, 9(7): 679-682.

[26] Deacon, G. B., Forsyth, C. M., Gitlits, A., et al. Pyrazolate coordination continues to amaze—the new μ-η_2: η_1 binding mode and the first case of unidentate coordination to a rare earth metal [J]. Angewandte Chemie International Edition, 2002, 41(17): 3249-3251.

[27] Yamashita, T., Hayes, P. Analysis of XPS spectra of Fe^{2+} and Fe^{3+} ions in oxide materials [J]. Applied Surface Science, 2008, 254(8): 2441-2449.

[28] Rodríguez, I., Scharifker, B. R., Mostany, J. In situ FTIR study of redox and overoxidation processes in polypyrrole films [J]. Journal of Electroanalytical Chemistry, 2000, 491(1-2): 117-125.

7 重金属离子分离

7.1 引言

随着社会经济的发展，电镀、电池、制革、冶金业、微电子等工业废水被不断地排放到环境之中[1]。这些废水中通常含有镉、铅、铬、铜、镍等重金属离子，一定量的重金属离子被人体吸收或者摄入后，难以生物降解，通常会在人体内聚集，聚集一定量时会引起大量的疾病和生理失调。例如，损害中枢神经系统，影响智力水平和记忆力，破坏血液组成，对肺、肾脏、肝脏等生命器官产生很大的危害[2,3]。处理和去除废水中的重金属离子成为人类社会健康发展及构建和谐社会的迫切需要。世界卫生组织对饮用水及工厂排放水中重金属离子的含量都有一定的规定标准，废水在排放之前其重金属离子含量都需要降低到规定排放标准。

传统的去除重金属离子的方法主要有吸附、化学沉淀法、溶剂萃取、离子交换法、反渗透等[4,5]，其中化学沉淀、吸附和离子交换是最常用的处理重金属离子的方法。化学沉淀法是将沉淀剂加入废水中，使废水中的重金属离子与沉淀剂发生作用形成沉淀，这个过程通常需要大量的沉淀剂，而且有些待处理的离子并无合适的沉淀剂，且化学沉淀剂的添加容易造成处理液的二次污染[6]。离子交换法是利用离子交换材料与溶液中的离子发生交换来去除重金属离子的过程，离子交换材料有离子交换树脂、黏土、分子筛等，这种方法通常比较昂贵，且处理过程较复杂，离子交换剂的再生过程比较困难[7]。在重金属离子的处理中，吸附被认为是最有效的方法，操作方便，可以处理较高浓度的重金属离子。吸附剂选用的关键是具有较好吸附性能，常见的吸附剂有活性炭、多孔材料等，它主要利用吸附剂的多孔、较大的比表面积来吸附重金属离子，但吸附剂使用之后很难再生，再生过程需要大量再生液，造成二次污染同时吸附容量衰减严重。

因此，亟待开发一种简捷、方便、高效、能够去除较低浓度有害离子的处理重金属方式。该工艺应具有再生容易、高亲和性、处理过程环保的优点。电控离子交换（ESIX）结合了电化学和离子交换的性能，因其通过施加电位来改变电活性材料的氧化还原状态，以达到吸附与脱附有害离子的目的而备受关注，具有操作条件温和、材料的亲和性强、脱附无需二次添加剂等优点[8]。

ESIX 过程的研究重点是为开发高性能的膜材料来去除废液中的目标离子。理想的 ESIX 材料具有对目标离子的高选择性、良好再生能力（释放置入的离子）、稳定的循环寿命和大的离子交换容量。Weidlich 等[9] 采用大阴离子（PPS⁻ 或 DBS⁻）对 PPy 进行掺杂，使其具有阳离子交换行为且对二价阳离子具有优良选择性，将其用于软化水中 Ca^{2+}。Hepel 等[10] 采用黑色素对 PPy 进行掺杂，同样使其具有阳离子交换行为并对重金属离子有优良的选择性，将其用于去除废水中的 Cd^{2+}、Pb^{2+} 和 Ni^{2+} 等重金属离子。除了上述无机半导体材料和有机导电高分子材料外，非导电高分子聚合物膜电极材料用于去除废液中重金属离子也受到了广泛的关注和研究。聚合物通过本身某些基团与重金属离子配位络合来捕捉废水中的痕迹重金属离子，当改变聚合物膜电压时重金属离子能被从膜内驱赶出去进入洗提液中，从而实现废液中重金属离子去除。Viel P 等[11,12] 分别应用聚乙烯吡啶和聚丙烯酸膜电极去除水中重金属离子，但该方法电极表面膜厚度受到限制，同时离子置入膜内时间长，需待改进。因此电控离子交换应用关键在于电活性材料的选取和电位的调控。

7.2 铅离子分离

7.2.1 ESIX 分离铅离子机理

电活性材料是电子-离子的混合导体，通过改变膜的氧化还原状态可以实现目标离子的吸脱附。该材料在电控离子交换、电化学能源转换和存储、电子设备传感器、超级电容、电致变色、离子选择性电极等领域有广阔的应用前景。目前可用的电活性材料主要有无机过渡金属材料（铁氰化物）、有机导电高分子材料［聚苯胺（PANI）、聚吡咯（PPy）、聚乙烯二氧噻吩（PEDOT）等］以及二者形成的杂化膜。其中杂化材料因兼具二者的优点已经引起人们的广泛关注。

α-ZrP 作为一种无机阳离子交换剂，由于其较高的离子交换容量、良好的热稳定性和抗辐射性能而受到人们的广泛关注[13]。α-ZrP 是一种无机层状材料，其吸附位点为伸向层间的 P-OH，吸附一个阳离子就要释放等量的氢质子[14]。然而吸附过程中需要克服层间的范德华力，往往需要搅拌或者加入一定量的碱破坏层间的作用力来提高吸附速率[15]。因此，层状的 α-ZrP 作为阳离子吸附剂有 3 个限定因素：吸附位点空穴的大小、层间作用力强弱和吸附水和离子半径及水合能的大小[16,17]。碱金属因具有较小的水和离子半径，可以优先扩散到 α-ZrP 层间并被吸附，所以 α-ZrP 起初作为碱金属的吸附剂而被广泛研究[15,18,19]。

α-ZrP 拥有独特的层状结构（层间距为 7.9Å），可以发生插层反应，一些小的极性分子通过吸附、嵌入、柱撑的方式进入 α-ZrP 层间而不破坏其层状结构，并且在一定条件下，该过程是可逆的[20]。插层可以增加离子的扩散通道，为 α-ZrP 吸附水和离子半径较大的重金属离子提供可行性。通过调节插入层间分子的数量，层间距最大能够达到 76Å[21]。研究发现，低结晶度的 α-ZrP 比高结晶度的 α-ZrP 更易发生插层反应[21]，即插层分子或者被吸附离子更易进入层间。Pan[14,22] 等发现 α-ZrP 可应用于重金属离子的吸附，尤其对 Pb^{2+} 有很好的吸附选择性，其吸附容量明显大于大孔聚苯乙烯磺酸钠阳离子交换树脂 D001；并且低结晶度 α-ZrP 的吸附容量明显高于高结晶度 α-ZrP 的吸附容量，其原因是低结晶度的 α-ZrP 层间存在结构缺陷，导致层间范德华力较低，因此低结晶度 α-ZrP 有更低的吸附活化能垒。剥层反应则是插层反应的极限形式，通过剥层，形成单一的无定形的 α-ZrP 纳米片，致使其吸附活性位点 P-OH 完全显露出来，从而提高离子吸附容量和吸附效率。Wang[23] 等通过实验验证剥层的

α-ZrP 对 Pb^{2+} 有更高的吸附容量。

α-ZrP/PANI 杂化膜电控分离重金属离子的机理如图 7-1 所示：主要利用聚苯胺的导电性及质子掺杂/脱掺杂特性和 α-ZrP 对重金属 Pb^{2+} 的吸附选择性。在还原状态下，PANI 被还原并夺取 α-ZrP 的氢质子，致使 α-ZrP 上的 P-OH 羟基被活化形成氧负离子，为了维持其电中性，溶液中的阳离子就被吸入到膜内，导致膜质量增加；反之，在氧化状态下，PANI 被氧化，氢质子从 PANI 上迁移到 α-ZrP 上，α-ZrP 上吸附的阳离子就会被排出膜外，导致膜质量减小。通过改变对杂化膜的施加电位可以实现对重金属离子的快速分离和回收。

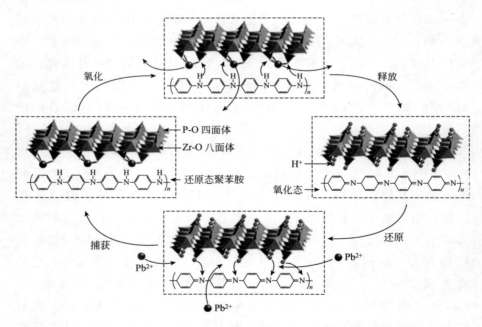

图 7-1　α-ZrP/PANI 杂化膜电控分离重金属离子的机理

7.2.2　α-ZrP/PANI 杂化膜的制备及表征

通过循环伏安法在碳纳米管（CNTs）修饰的 Au 基体上控制合成了无定形的 α-ZrP/PANI 杂化膜，并将其应用于电控离子交换（ESIX）

技术处理重金属离子废水,其过程快速、高效且无二次污染。α-ZrP/PANI 杂化膜沉积机理可以归结如下(见图 7-2):在杂化膜制备初期,在氧化阶段,ANI 快速氧化聚合,形成的聚合阳离子铆合带负电的 α-ZrP 纳米片,α-ZrP 作为大的阴离子掺杂到 PANI 中;在还原阶段,PANI 被还原成电负性,导致 PANI 和 α-ZrP 之间的结合力减弱,此时 Na 与带负电的 α-ZrP 纳米片结合,阻止形成 PANI 插层 α-ZrP 的杂化膜,即层状结构的杂化膜。最终 α-ZrP 离散地分布在 PANI 中,形成无定形的 α-ZrP/PANI 杂化膜。该方法具有快速电位响应去除重金属离子的性能。

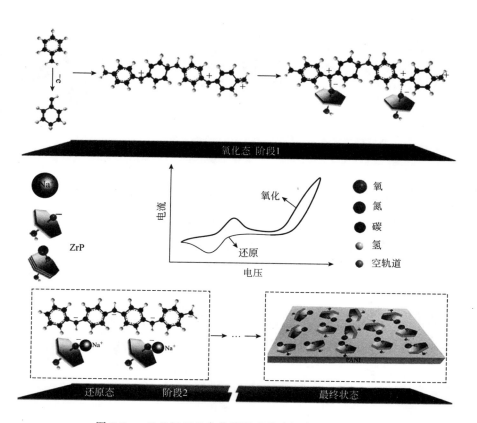

图 7-2 α-ZrP/PANI 杂化膜循环伏安沉积过程的机理

采用分步沉积法制备出具有高离子交换容量的三维多孔 α-ZrP/PANI 杂化膜（图 7-3）。首先苯胺通过链增长反应电聚合，在电极表面形成一层聚苯胺低聚物来增加固液结构界面，为嫁接生长 α-ZrP/PANI 提供有效的活性位点，并且防止 α-ZrP/PANI 膜剥落。然后通过脉冲方式在聚苯胺低聚物上构造聚苯胺纤维和 α-ZrP 纳米片层杂化膜。最终通过独特的电势诱发质子传递过程调节杂化膜的氧化还原状态来摄取和释放 Pb^{2+}。这种新型的电活性膜材料可用于电控离子交换技术分离回收废水中的 Pb^{2+}。

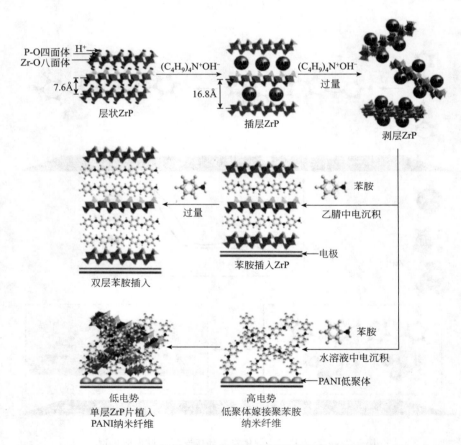

图 7-3　α-ZrP/PANI 杂化膜分布沉积法制备过程示意

如图 7-4（a）所示，以 CNTs 为基底循环伏安法沉积 3 圈后，膜表面呈现灰黑色，大量的 α-ZrP 纳米片沉积在形成的 PANI 导电面上，沉积的 α-ZrP 纳米片又可作为界面沉积 PANI 纳米颗粒，并且许多纳米片堆叠在一起；总体上，循环伏安法制备的 α-ZrP 纳米片离散地分布在 PANI 中。脉冲法制备的 α-ZrP/PANI 杂化膜呈纤维状［图 7-4（b）］，大量聚苯胺低聚物颗粒为聚苯胺纤维的嫁接和生长提供有效的活性位点。α-ZrP/PANI 杂化膜形貌图显示，超薄半透明的 α-ZrP 纳米片嵌入或附着在聚苯胺纤维联通的 3D 网状结构中，多孔 3D 结构有利于离子扩散。

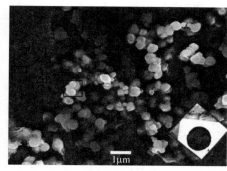 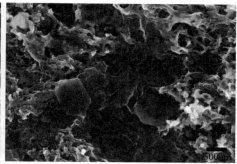

(a) CNTs 纤维　　　　　　　　　　　　　(b) PANI 纤维

图 7-4　不同基体上循环伏安制备的 α-ZrP/PANI SEM 图

图 7-5（a）是杂化膜的 XRD 图，α-ZrP 在 $2\theta = 11.6°$、$19.8°$、$25°$ 处的特征峰以及 PANI 插层 α-ZrP 的峰均没有出现。这说明所制备的杂化膜不存在晶型结构。因此，在水相中通过电化学方法制备了无定形的 α-ZrP/PANI 杂化膜。图 7-5（b）是 α-ZrP/PANI 杂化膜和单一 α-ZrP 的 FT-IR 图。$1047cm^{-1}$ 处的峰为 α-ZrP 中 P-O 的对称伸缩振动峰；α-ZrP/PANI 杂化膜红外谱图中，$1166cm^{-1}$、$1276cm^{-1}$、$1465cm^{-1}$ 分别为 C-H 的面内弯曲振动峰、C—N 和 C＝N 的伸缩振动峰[24~26]，通过 FTIR 分析再次证明 α-ZrP/PANI 很好地杂化在一起。

7.2.3　α-ZrP/PANI 杂化膜对 Pb²⁺ 的 ESIX 性能研究

图 7-6 为在不同基体上沉积 α-ZrP/PANI 杂化膜的循环伏安图以及

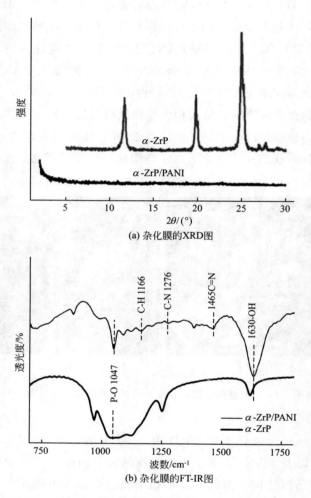

图 7-5 α-ZrP 及 α-ZrP/PANI 杂化膜的 XRD 图、FT-IR 图

EQCM 质量变化图，由图可知，二者都表现出明显的阳离子交换性能。此外，纤维状的 α-ZrP/PANI 杂化膜在循环伏安过程中的质量改变量 [图 7-6 （b）] 是 CNTs 纤维上沉积的杂化膜 [图 7-6 （a）] 的 9 倍以上。该结果证明图 7-6 （b）所示的杂化膜结构比图 7-6 （a）所示结构拥有更大的离子交换容量。

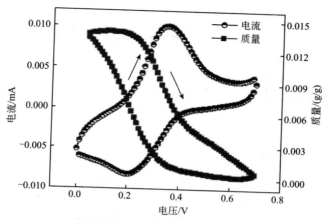

(a) CNTs/α-ZrP/PANI在Pb(NO$_3$)$_2$溶液中的
循环伏安图和质量变化图

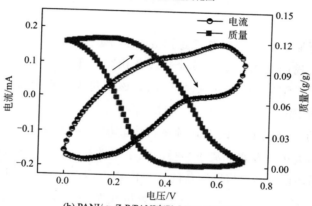

(b) PANI/α-ZrP/PANI在Pb(NO$_3$)$_2$溶液中的
循环伏安图和质量变化图

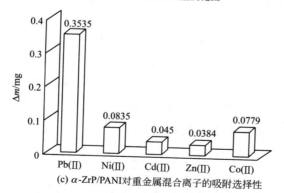

(c) α-ZrP/PANI对重金属混合离子的吸附选择性

图 7-6

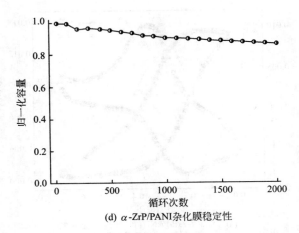

(d) α-ZrP/PANI杂化膜稳定性

图 7-6 α-ZrP/PANI 杂化膜的电控离子交换性能测试

为了更加直观地理解该无定形 α-ZrP/PANI 杂化膜对重金属铅离子的选择性，我们采用原子吸收检测该杂化膜对重金属离子混合溶液的吸附选择性。其结果如图 7-6（c）所示，该杂化膜对重金属离子的吸附选择性顺序为 $Pb^{2+} > Ni^{2+} > Co^{2+} > Cd^{2+} > Zn^{2+}$，并且 Pb^{2+} 的吸附容量是其他离子的 4 倍以上。该吸附顺序可由软硬酸碱理论（即金属离子与配体结合力的大小）及水和离子半径的大小定性解释。图 7-6（d）所示为该杂化膜的循环稳定性。将所制备的 α-ZrP/PANI 在 $0.1mol/L$ $Pb（NO_3）_2$ 溶液中循环伏安 2000 圈。其离子交换容量在循环 1000 圈后保持 91%，循环 2000 圈后仍保持原来的 86%，说明该杂化膜具有良好的循环稳定性。

将该杂化膜进行阶跃检测实验，其结果如图 7-7（a）所示，每次阶跃基本够达到吸脱附平衡，吸附容量能够达到 $0.503mmol/g$（除去水分子）。其吸附速率大于脱附速率，从这一方面也可说明该杂化膜对 Pb^{2+} 有很好的选择性。图 7-7（b）是图 7-7（a）一个吸附过程，运用准二级动力学吸附模型对其进行拟合，即

$$\frac{t}{q_t} = \frac{t}{q_e} + \frac{1}{kq_e^2} \tag{7-1}$$

式中 q_e、q_t——对应吸附平衡和吸附时间为 t 时的吸附容量；

k——吸附速率常数。

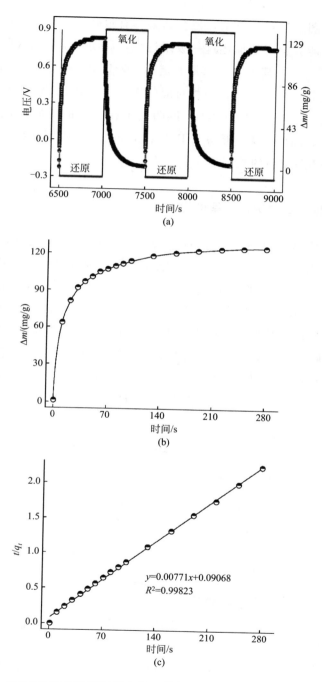

图 7-7 α-ZrP/PANI 在阶跃过程中的吸脱附曲线以及准二级动力学拟合曲线

结果如图 7-7（c）所示，拟合结果具有很好的线性度，说明准二级动力学方程能够很好地描述这一吸附过程，说明化学表面吸附是该过程的控速步骤[27,28]，其主要原因是无定形 α-ZrP/PANI 杂化膜的活性吸附位点离散地分布在膜表面。而相对应的层状 α-ZrP/PANI 杂化膜的吸附过程符合准一级动力学方程[29]，说明离子在层间的扩散是该吸附过程的控速步骤。因此，无定形 α-ZrP/PANI 杂化膜的吸附速率要高于层状 α-ZrP/PANI 杂化膜的吸附速率。

7.2.4 电位响应对吸附速率的影响

图 7-8 为自然吸附和加电吸附 α-ZrP/PANI 杂化膜电极对于 Pb^{2+} 的吸附容量对比。由图可知，在不加电压的自然吸附过程中，其吸附速率较低，基本以一恒定的速率增长。相对应的加电吸附过程具有较快的吸附速率，在 100s 达到吸附容量的 75%，说明施加电位能明显促进了杂化膜对 Pb^{2+} 的吸附速率，在施加电位 300s 左右基本达到了吸附平衡，其离子交换量为自然吸附的 3 倍以上。与传统的离子交换过程相比，电控离子交换极大地增加了离子交换的速率，同时增大了离子吸附容量，而且解吸过程只需转换电位，再生无需使用化学试剂。

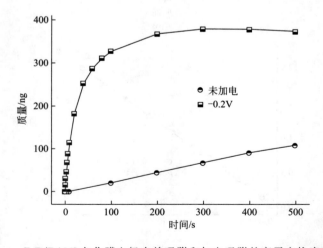

图 7-8 α-ZrP/PANI 杂化膜电极自然吸附和加电吸附的离子交换容量对比

总之，通过电化学方法在水相中制备了具有电活性的 α-ZrP/PANI 杂化膜。α-ZrP 作为一种阳离子交换材料，本身具有质子传导和离子交换能力；PANI 具有电位响应和质子掺杂与脱掺杂的特性，通过二者的协同作用，使制备的杂化膜在中性条件下具有良好的电活性和电位响应去除重金属离子的性能。通过将高结晶度的 α-ZrP 剥层，使其吸附活性基团 P-OH 显露出来，依靠氧与重金属离子的配位作用，使该杂化膜对重金属 Pb^{2+} 表现出良好的吸附性能。因此，该杂化膜可作为一种新型的电活性功能膜材料选择性分离重金属溶液中的 Pb^{2+}。

7.2.5 ESIX 工艺放大

本实验进一步优化 α-ZrP/PANI 杂化膜的制备条件，采用循环伏安法（CV）在水相中制备研究了聚吡咯/α-磷酸锆/碳毡（PPy/α-ZrP/PTCF）电极，将膜电极进行放大，对比电控离子交换（ESIX）和单纯离子交换对铅离子的去除效果，并考察膜电极的吸附动力学。

首先采用循环伏安法在碳毡（PTCF）基体上制备出聚吡咯/α-磷酸锆（PPy/α-ZrP），图 7-9（a）对比了 ESIX 和离子交换过程中膜电极对 Pb（Ⅱ）的去除能力。由图可知，施加 $-0.3V$ 的恒电位后（vs·SCE＝相对于饱和甘汞电极，下同），铅离子浓度快速减少且明显高于单纯离子交换去除速率。由图 7-9（b）可以看出，在电位的作用下，膜电极的吸附能力加强，离子交换很快达到平衡，且平衡吸附量是单纯离子交换过程的 2 倍。因此，在电位的作用下，电控离子交换过程中的离子交换速率和交换能力明显加强，并且对 Pb（Ⅱ）的去除效果加强，膜电极的吸附能力增大，平衡吸附量增加。

电控离子交换（ESIX）和离子交换在 20℃ 的吸附等温线如图 7-10（a）所示，可以看出，随着 Pb（Ⅱ）平衡浓度的增加，膜电极的平衡吸附量逐渐增加，但当平衡浓度增加到一定值时，膜电极的平衡吸附量基本不再发生变化，此时，膜电极对 Pb（Ⅱ）的吸附达到最大，吸附过程达到平衡。膜电极在 ESIX 和离子交换条件下的实验最大吸附量分别为 425mg/g 和 183mg/g。由此可以得出，在 ESIX 条件下，膜电极的吸附容量明显增大。

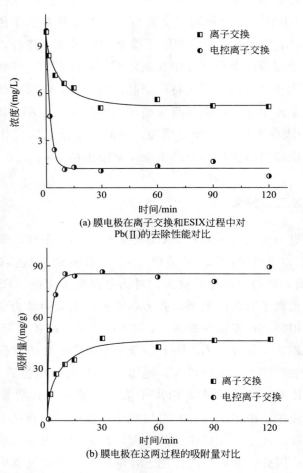

图 7-9　PPy/α-ZrP/PTCF 电极分别在离子交换和 ESIX 过程中对 Pb（Ⅱ）
的去除性能对比；膜电极在这两个过程的吸附量对比图

　　将图 7-10 中的吸附等温线分别进行朗格缪尔等温模型和弗罗因德利克模型拟合，拟合得到的参数如表 7-1 所列。可以看出，朗格缪尔等温模型能够很好地拟合实验数据，膜电极的吸附过程为单层吸附，吸附离子之间互不影响，吸附位点均匀分布[30]。此外，由朗格缪尔等温模型算出的膜电极理论吸附量也十分接近实验吸附量。从表格可以看出，相比于离子交换条件，在 ESIX 条件下具有较高的朗格

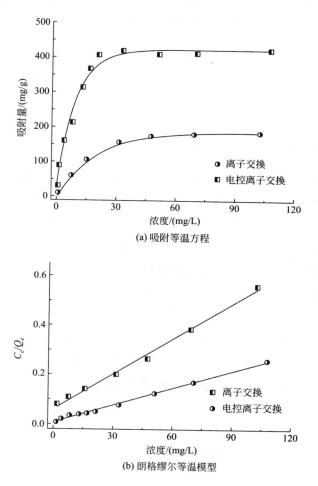

(a) 吸附等温方程

(b) 朗格缪尔等温模型

图 7-10　Pb（Ⅱ）置入到 PPy/α-ZrP/PTCF 电极的吸附等温方程；
PPy/α-ZrP/PTCF 电极吸附 Pb（Ⅱ）的朗格缪尔等温模型

缪尔常数，说明 ESIX 条件下膜电极具有更高的亲和力[31]，这可能是由于在电位的作用下，膜电极具有更多可以吸附 Pb（Ⅱ）的活性吸附位点。因此，朗格缪尔模型能够很好地拟合 ESIX 和离子交换条件下的吸附等温线，且 ESIX 条件下，膜电极具有更高的最大吸附容量和更高的亲和力。

表 7-1　膜电极吸附 Pb（Ⅱ）的朗格缪尔等温模型和弗罗因德利克模型参数对比

实验方法	q_{exp} /(mg/g)	准一级动力学模型参数			准二级动力学模型参数		
		k_1 /h^{-1}	q_{cal} /(mg/g)	R_2	k_2 /[g/(mg·h)]	q_{cal} /(mg/g)	R_2
离子交换	45.6	1.70	16	0.322	0.2632	50	0.997
ESIX （−0.3V）	86.2	1.76	21	0.479	0.6142	87	0.995

　　采用准二级动力学模型拟合实验数据时，离子交换和 ESIX 两种过程的线性度均在 0.99 以上，具有较高的拟合度。通过对比可发现，准二级动力学模型更适合用来拟合实验数据。准二级动力学模型的拟合曲线如图 7-11 所示，数据点能够很好地分布在拟合曲线上。由准二级动力学模型计算得到的理论吸附量（q_{cal}）列于表 7-2，离子交换及 ESIX 条件下的理论吸附量分别为 50mg/g、87mg/g，相应的实验吸附量（q_{exp}）分别为 45.6mg/g、86.2mg/g。可见，实验数据与理论吸附量相吻合，进一步说明准二级动力学模型能够很好地拟合实验数据。此外，对比准二级吸附速率常数 k_2 发现，ESIX 过程的准二级吸附速率常数 [0.6142g/(mg·h)] 明显高于离子交换过程 [0.2632g/(mg·h)]。

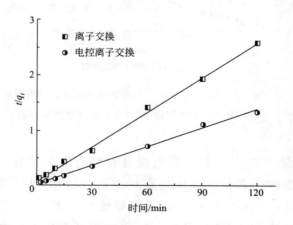

图 7-11　不同方法下 PPy/α-ZrP/PTCF 电极对 Pb（Ⅱ）
吸附的准二级动力学拟合曲线

综上可知，在电位作用下，离子交换速率加快，膜电极吸附速率及吸附能力明显加强。

表 7-2　膜电极吸附 Pb（Ⅱ）过程中不同方法的动力学参数拟合值

实验方法	q_{exp} /(mg/g)	朗格缪尔等温模型参数			弗罗因德利克等温模型参数		
		k_L /(L/mg)	q_m /(mg/g)	R_2	n	k /(mg/g)	R_2
离子交换	183	0.059	250	0.992	0.653	54.5	0.926
ESIX （-0.3V）	425	0.222	500	0.996	3.01	116.7	0.874

表 7-3 对比了几种吸附剂在不同条件下对 Pb（Ⅱ）的吸附容量。由表 7-3 可看出，PPy/α-ZrP/PTCF 电极在 ESIX 过程中对 10mg/L Pb（Ⅱ）水溶液的平衡吸附容量为 86.2mg/g，吸附能力远高于其他吸附剂。

表 7-3　一些吸附剂对 Pb（Ⅱ）的吸附容量对比

吸附剂	初始浓度 /(mg/L)	pH 值	吸附容量 /(mg/g)	参考文献
活性氧化铝	10	5	1.97	[5]
二氧化钛纳米管	20	5.5	103.81	[4]
球磨鹰嘴豆	10	5	0.998	[32]
樟子松锯末	10	5.5	9.49	[6]
番荔枝壳	50	5.1	33.3	[33]
蒙脱石	50	5.7	21.7	[34]
PPy/α-ZrP/PTCF（离子交换）	10	5.5	45.6	本实验
PPy/α-ZrP/PTCF（ESIX）	10	5.5	86.2	本实验

注：ESIX 为电控离子交换过程，施加电压为-0.3V。

因此采用循环伏安法在碳毡基体上成功合成了 PPy/α-ZrP 杂化膜，并将 PPy/α-ZrP/PTCF 电极作为工作电极，吸附实验显示该膜电极对 Pb（Ⅱ）离子具有较高的选择性。将其应用于电控离子交换法去除废水中的 Pb（Ⅱ）离子，其去除能力和吸附量远高于传统离子交换过程。此外，进一步考察了初始浓度对膜电极吸附过程的影响，得到膜电极吸附 Pb（Ⅱ）过程的准二级动力学模型。调整膜电极氧化电位使其活性组分 PPy/α-ZrP 处于氧化状态，可将吸附的 Pb（Ⅱ）离子从膜内置出，从而使膜电极再生。因此，PPy/α-ZrP/PTCF 电极用于电控离子交换去除水中重金属离子具有良好的效果。

7.3　铜离子分离

铜（Cu）是一种过渡元素，原子序数 29，被广泛地应用于电气、建筑、机械制造、国防、农业生产等行业中。同时，Cu 也是人体必需的微量元素，对体内酶的合成、铁的吸收和利用、维持中枢神经系统的正常功能有着重要的作用，但过多的铜进入体内则极易引起呕吐、上腹疼痛、性溶血和肾小管变形等中毒现象。近年来，电镀、炼铜等行业的不自律排放造成附近重金属污染的例子屡见不鲜。

聚吡啶二甲酸（PPDA）膜有丰富的电活性位点和三维场电位，PPDA 膜改性电极有高的难溶性和难熔性。通过固定不同的生物分子被广泛应用于生物传感器。基于电控离子交换（ESIX）膜电触发质子自交换效应提出新型 PPDA 膜用于去除水溶液中 Cu^{2+}，并考察了膜电极电化学性能和 ESIX 性能。

7.3.1　ESIX 分离铜离子机理

图 7-12 为电位触发质子自动交换效应（PTPS）的电化学控制离子交换（ESIX）膜去除 Cu^{2+} 的概念和电控离子交换膜去除 Cu^{2+} 的机理图。该聚合物膜电极在还原过程中铜离子从电解质置入膜内与膜内阴离子中心中和，使膜呈电中性；在氧化过程中铜离子从膜内释放到溶液中，同样也保持膜的电中性，因此通过调节该膜的氧化还原电位来控制铜离子的置入与释放，从而使溶液中的铜离子得到分离并能使该膜得到再生。

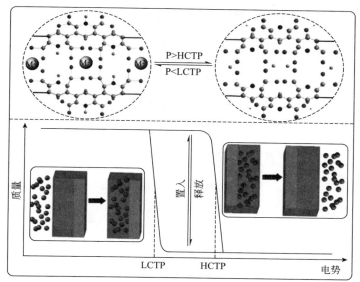

图 7-12　ESIX 去除水中 Cu^{2+} 机理图

P—PPDA 膜电极电势；LCTP—最低临界转移电势；HCTP—最高临界转移电势

7.3.2　PPDA 膜的制备

图 7-13（a）是脉冲电聚合 PPDA 膜过程前 20s 的瞬时电压（a）和瞬时电流（b）随时间变化曲线。由图可知，第一个脉冲开时间（t_{on}）脉冲电压为 1.8V，电流在 0.05s 内增大到 4.07mA，工作电极表面溶液中的 PDA 单体被氧化成活性单体，有极少部分活性单体聚合成大分子同时化学连接到基体表面，氧化电流随时间逐渐变小，由于电极表面单体浓度逐渐降低；在脉冲关时间（t_{off}）时，电流为 0，开路电压由 1.8V 快速下降到 1.21V，此时工作电极表面溶液中活性单体发生聚合反应，聚合成大分子存在于溶液中并临时浸透到工作电极表面，一小部分聚合成大分子同时化学连接到基体表面。此后随着膜的增长，开路电压下降幅度逐渐减缓，到 1780s 开路电压由 1.8V 降到 1.5V，与刚刚开始聚合相比增加了 0.29V；峰电流也逐渐降低，到 1780s 峰电流减小到 1.47mA。电极表面单体浓度逐渐减小，而单体向电极表面的扩散速度低于反应速度，故开路电压下降幅度和峰电流都变小。

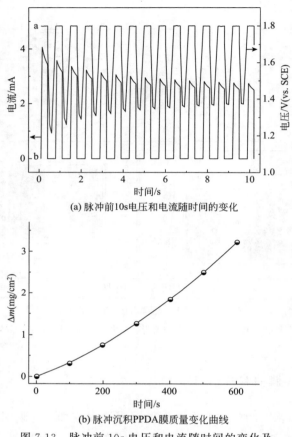

(a) 脉冲前10s电压和电流随时间的变化

(b) 脉冲沉积PPDA膜质量变化曲线

图 7-13　脉冲前 10s 电压和电流随时间的变化及
脉冲沉积 PPDA 膜质量变化曲线

由图 7-13（b）可知，随聚合时间增大膜的质量逐渐增大。开始增加比较缓慢，由于大分子化学连接到基体表面速度低于大分子聚合速度；随聚合时间增大基体表面聚合活性位增加，故连接到基体表面大分子数量逐渐增大。聚合完毕，膜的总质量增加 $16.96\mu g/cm^2$，膜的厚度约为 80nm。

7.3.3　PPDA 膜电极离子交换性能的研究

循环伏安法是评价膜电极是否有电活性以及离子交换容量大小的一种简单而可靠的方法。导电聚合物膜电极的电荷传递与其和外部电解质之间的离子交换过程是一致的，通过循环伏安法能得到可靠的离子交换行为信息。图 7-14（a）是镀铂石英晶片上脉冲电聚合的 PPDA 膜电极在 0.1mol/L 硝酸铜溶液中循环伏安性能与 EQCM 的变化。PPDA 膜电极展现的主要电荷传递与离子交换电压区域是 0.2～0.5V。膜电极在还原过程中质量增加，铜离子从电解质置入膜内与膜内阴离子中心中和，使膜呈电中性；膜在氧化过程中质量减小，同样为了维持膜的电中性，铜离子从膜内释放到电解质。该膜电极完全是阳离子交换，与 Weidlich 等采用大阴离子（PPS⁻ 或 DBS⁻）掺杂的 PPy 膜电极具有相同的离子交换行为，故其完全可以通过离子交换去除水中的 Cu^{2+}。

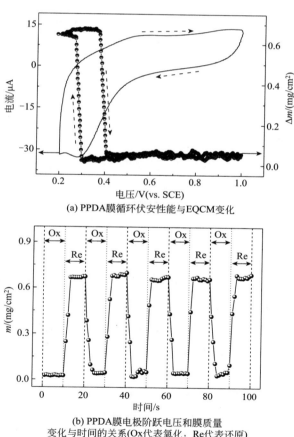

(a) PPDA膜循环伏安性能与EQCM变化

(b) PPDA膜电极阶跃电压和膜质量
变化与时间的关系(Ox代表氧化，Re代表还原)

图 7-14

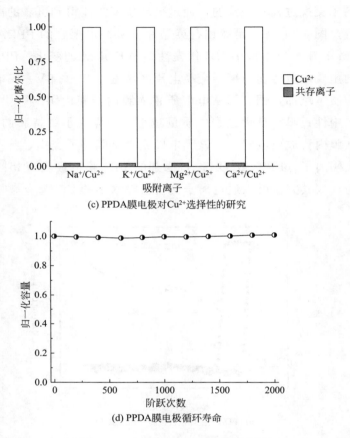

(c) PPDA膜电极对Cu²⁺选择性的研究

(d) PPDA膜电极循环寿命

图 7-14　PPDA 膜电极离子交换性能

　　在低于 0V 电压下 Cu²⁺ 将电沉积在电极表面，有单质铜析出，故本实验选择安全的还原电位为 0.2V，氧化电位为 1.0V，通过变换两安全电位结合 EQCM 频率变化来原位观察铜离子在膜电极上的置入和释放。图 7-14（b）是 PPDA 膜电极 EQCM 和阶跃电压随时间的变化曲线。由图可知，持续施加 0.2V 还原电位 10s，单位面积膜的质量平均增加 0.6mg/cm²，表明铜离子置入膜内；持续施加 1.0V 氧化电位 10s，单位面积膜的质量又回到初始值，表明在还原电位下置入膜内的铜离子完全释放到溶液中，在膜内没有积累，膜电极得到了完全再生，再生前后电化学氧化还原性质未变，膜的离子交换容量得到完全恢复。由此可见，PPDA 膜电极是可以通过电化学方法控制膜在氧化还原状态间转化得到再生，完全无需任何化学试剂，消除了由化学再生产生的二次污染。

PPDA 膜对离子的选择性是在混合溶液中进行 ESIX 的关键因素。实际应用中共存离子如 Na^+、K^+、Mg^{2+}、Ca^{2+} 的存在会对 PPDA 对 Cu^{2+} 的选择性产生较大的影响，如图 7-14（c）考察了相同浓度共存离子溶液中 PPDA 膜对 Cu^{2+} 的吸附效果，结果表明共存离子对摄取 Cu^{2+} 影响很小，PPDA 膜有好的选择性。

稳定性是衡量膜电极 ESIX 性能的一个重要指标，也是探索实际应用的前提，为测试 PPDA 膜的循环稳定性，将膜电极在 0.2V 和 1.0V 的电压下阶跃 2000 次。图 7-14（d）为 PPDA 膜电极在 0.1mol/L $Cu(NO_3)_2$ 溶液中阶跃 2000 次的离子交换容量变化。由图可知，膜电极的离子交换容量变化很小，变化范围在 4% 以内，表明膜电极稳定性很好。

综上所述，通过脉冲电聚合法在铂基体上可制备出均匀、致密的 PPDC 膜。脉冲电聚合法操作简单，可控性强，仅需调节脉冲电聚合参数即可得到大离子交换容量和优良循环稳定性的 PPDC 膜电极。同时提出了新的电控离子交换分离离子机制，并阐明 PPDC 膜电极电控离子分离铜离子机理。PPDC 薄膜在铜离子溶液中具有可逆的电化学活性，通过调节膜电极的氧化还原状态可以控制铜离子的置入和释放，膜电极在 Cu^{2+}/Mg^{2+} 混合溶液中对 Cu^{2+} 具有良好的选择性，通过电控离子分离方法可以实现铜离子的分离。

7.4 镍离子分离

7.4.1 ESIX 去除镍离子机理

活塞泵型电控离子交换膜去除 Ni^{2+} 机理如图 2-3 所示：层状的 α-ZrP 纳米片层有表面质子传导和离子交换功能，离子交换位点作为功能离子容器，电位响应型导电聚合物作为质子泵元素，通过一步单极脉冲方式制备混合膜系统。当调节电势在还原（RP）状态时，聚苯胺链被还原，聚苯胺链从 α-ZrP 纳米片中接受质子，为了维持系统的电中性，Ni^{2+} 从溶液中进入纳米片层中；相反，当调节电势在氧化（OP）态时，聚苯胺链被氧化，质子从聚苯胺链中脱出到 α-ZrP 纳米片，Ni^{2+} 被质子取代释放到溶液中。

7.4.2　膜电极的制备及表征

图 7-15 为电沉积膜电极表面扫描电镜图，其中图 7-15（a）为 α-ZrP，图 7-15（b）在电沉积过程中添加 20mmol/L 苯胺，放大倍数分别为 10000 倍和 20000 倍。未添加 PANI 的 α-ZrP 膜为白色并且有褶皱，表面 α-ZrP 纳米片重新堆积形成轻微松散的波纹状结构；电沉积过程中有 PANI 存在时，α-ZrP/PANI 杂化膜为深绿色，表面平滑，形成统一的无缺陷结构。

采用单极脉冲方法制膜随着脉冲沉积开始膜逐渐形成，在关时间开路电位逐渐降低，从 3.5V 降为 0.58V，然后随着膜厚度的增加逐渐增加，关时间电流为 12.6mA 时达到最大电流。在脉冲沉积过程中，开时间峰电流对应电沉积带负电的 α-ZrP 纳米片和电聚合 PANI，在前 10 次峰电流急速下降，是由于联合效应的双电层充电，反应物传输限制和电极表面边界层聚苯胺阳极聚合，单极脉冲关时间为膜的形成提供了一段空闲时间，是 α-ZrP 纳米片和 PANI 在边界层范围重新聚合。当苯胺扩散到 α-ZrP 纳米片表面和 α-ZrP 纳米片被苯胺固定在电极表面时，这段空闲时间将会控制扩散过程。

XRD 图谱［图 7-16（b）］和夹层间距［图 7-16（c）］表明，随着电沉积过程中加入苯胺浓度的增加膜结构变化过程，苯胺浓度从 0 到 0.1mol/L 时夹层间距从 0.78nm 变为 1.99nm。由于 α-ZrP 被 TBAOH 剥层 PANI 插入能量障碍对插入混合过程影响很小，因此，可以通过调节电沉积过程中苯胺浓度来调整和控制混合膜插层间距，从而提高离子交换容量。低的苯胺浓度下有两个峰，分别对应聚苯胺单体插入吸附（约 13.7Å 层间距）和聚苯胺在 α-ZrP 层间填充（约 8.3~9.2Å 层间

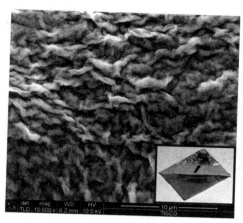

(a) α-ZrP表面扫描电镜图

(b) α-ZrP/PANI杂化膜

图 7-15　电沉积膜电极表面扫描电镜图和照片（插入）

距）。因为低浓度苯胺分散地吸附在 α-ZrP 片层表面，只有部分苯胺聚合。

7.4.3　α-ZrP/PANI 膜电极 ESIX 去除镍离子性能研究

α-ZrP 和 α-ZrP/PANI 杂化膜改性膜电极，在 $0.1mol/L$ $Ni(NO_3)_2$ 溶液中 $10mV/s$ 循环伏安图［图 7-17（a）］中，α-ZrP 电极几乎没有的电

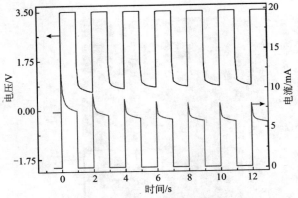

(a) UPEP α-ZrP/PANI膜电压和电流随时间变化

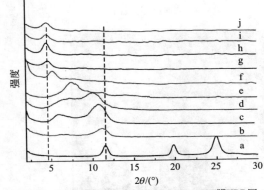

a——α-ZrP粉末和不同浓
　　度苯胺条件下电沉积
　　α-ZrP /PANI杂化膜
b——0 mmol/L
c——2.5 mmol/L
d——5mmol/L
e——7.5 mmol/L
f——10 mmol/L
g——20 mmol/L
h——40mmol/L
i——60 mmol/L
j——100 mmol/L

(b) α-ZrP粉末和不同浓度苯胺 α-ZrP/PANI膜XRD图

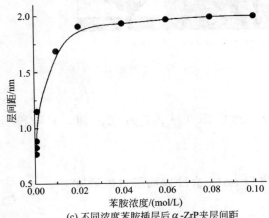

(c) 不同浓度苯胺插层后 α-ZrP夹层间距

图 7-16　α-ZrP/PANI 膜的制备与表征

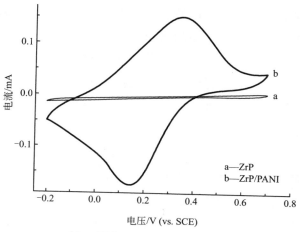

(a) α-ZrP和α-ZrP/PANI杂化膜循环伏安图

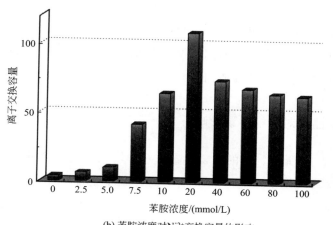

(b) 苯胺浓度对Ni²⁺交换容量的影响

图 7-17　α-ZrP 和 α-ZrP/PANI 杂化膜对 Ni²⁺ 交换性能

化学响应（曲线 a），但 α-ZrP/PANI 杂化膜电极在循环过程中有明显的电流响应（曲线 b），表明聚苯胺插入杂化材料膜电极有电活性。聚苯胺电活性随着 pH 值的增加而降低，pH 值在 4 以上几乎没有电活性，这是因为聚苯胺氧化还原反应需要质子参与。为解决此问题，聚苯胺插入没有质子的层间电负性的 α-ZrP 纳米片层中，通过表面离子交换创造局部的酸性微环境。由于纳米片层表面质子导电性使聚苯胺在中性条件下仍然有电活性。因此，聚苯胺插入链可以通过改变膜电极电势转换作为 α-ZrP 和 PANI 质子泵潜在的制动器。

原理上，层间距和杂化膜中聚苯胺含量可以通过改变沉积溶液来调整。因此，α-ZrP/PANI 杂化膜离子交换容量，也就是杂化膜泵性质，预计和溶液中苯胺浓度有很大关系。图 7-17（b）中电沉积溶液中不同苯胺浓度制备的 α-ZrP/PANI 杂化膜离子交换容量表明，当苯胺浓度不超过 20mmol/L 时，随着苯胺浓度的增加离子交换容量增加，这是因为杂化膜层间距和 PANI 和 α-ZrP 摩尔比的增大。聚苯胺作为质子活塞能量中介其含量的增加会增大质子交换位点的数量，有利于电控离子交换。另外，大的层间距使离子进出更加顺利。然而，当苯胺浓度超过 20mmol/L 时，离子交换容量降低，这是因为杂化膜中主客体关系被颠倒，当大量聚苯胺（变为主体成分）存在时，α-ZrP 纳米层单元（变为客体成分）被完全封闭，导致杂化膜中离子嵌入能量增加。因此，制备电活性杂化膜选择有最大的离子交换容量的苯胺浓度为 20mmol/L，用于之后的电控离子交换性质研究。

7.4.4 结晶度对交换容量影响

如图 7-18 所示，纯的 α-ZrP$_{RE}$ 粉末为块状结构，纯的 α-ZrP$_{HY}$ 粉末呈板状结构，α-ZrP$_{RE}$ 无序的块状结构有利于整体剥落和低的插入能量壁垒，因此有利于剥落和插入过程。α-ZrP$_{RE}$/PANI 杂化膜电极非常平滑，表明膜附着在了电极表面，并且无裂缝。

如图 7-19（a）所示不同结晶度 α-ZrP 有不同的峰宽和信噪比，但是有相同的夹层间距，随着 PANI 的插入，α-ZrP 层间距变宽，低结晶度的 α-ZrP$_{RE}$ 层间可插入双层或多层 PANI，α-ZrP$_{HY}$ 只能插入单层 PANI，同大的 α-ZrP$_{HY}$ 相比，α-ZrP$_{RE}$ 低横向维度降低整体夹层能量势垒。如图 7-19（b）所示，α-ZrP$_{RE}$/PANI 杂化膜有高的氧化峰电流，为 α-ZrP$_{HY}$/PANI 杂化膜的 2.05 倍，这表明 α-ZrP$_{RE}$/PANI 杂化膜氧化/还原过程中转移电荷数远高于 α-ZrP$_{HY}$/PANI 杂化膜，这些电荷在氧化/还原过

(a) α-ZrP$_{RE}$

(b) 电沉积 α-ZrP$_{RE}$膜

(c) 电沉积 α-ZrP$_{RE}$/PANI

(d) α-ZrP$_{HY}$

(e) 电沉积 α-ZrP$_{HY}$膜

(f) 电沉积 α-ZrP$_{HY}$/PANI

图 7-18　α-ZrP、电沉积 α-ZrP 及电沉积 α-ZrP/PANI 膜 SEM 图

程中补偿相同数量的 Ni^{2+} 进入 $\alpha\text{-}ZrP_{RE}/PANI$ 和 $\alpha\text{-}ZrP_{HY}/PANI$ 杂化膜。因此可以推断，$\alpha\text{-}ZrP_{RE}/PANI$ 膜有高的摄取 Ni^{2+} 的能力。如图 7-19（c）所示，$\ln(q_e-q_t)$ 和时间 t 呈线性关系，说明电控离子交换过程符合一级动力学曲线，在 $-0.2V$ 和开路电位下速率常数分别为 $1.24\times10^{-2}s^{-1}$ 和 $1.29\times10^{-3}s^{-1}$，表明在有效还原电势下吸附速率是开路电位的 10 倍。

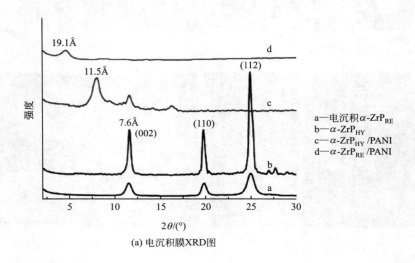

(a) 电沉积膜XRD图

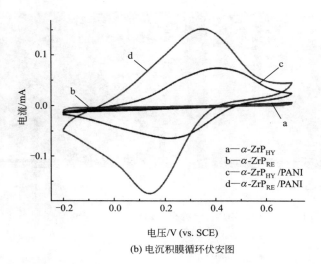

(b) 电沉积膜循环伏安图

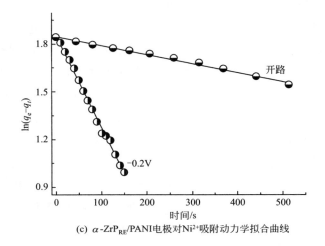

(c) α-ZrP$_{RE}$/PANI电极对Ni^{2+}吸附动力学拟合曲线

图 7-19　α-ZrP、α-ZrP/PANI膜表征及电化学测试

电控离子交换膜吸收/脱出 Ni^{2+} 有 3 个主要因素。

1）电化学还原杂化膜，导致 Ni^{2+} 进入膜中来维持电中性。

2）杂化膜电极和周围环境的 Ni^{2+} 浓度梯度驱动离子交换。

3）溶液中电势差驱动离子扩散。

7.4.5　Ni^{2+}-FCN/PPy 离子印迹聚合物合成

Ni^{2+}-FCN/PPy 以 Ni^{2+}、FCN 离子和 PPy 作为模板、络合单体以及导电交联剂，通过一步单极脉冲电合成方法（UPEP）制备出一种 Ni^{2+} 印迹的 FCN/PPy 杂化膜。在这一过程中，通过脉冲关时间 PPy 主链充分地定向重排，可以有效地改善 FCN 和 PPy 的结合，从而抑制 FCN 在还原过程中被置出膜外[35~37]。在电聚合过程中，0.6V 以上的电位可以保证 FCN 处于氧化状态〔Fe（CN）$_6^{3-}$〕。根据 HSAB 理论，基于 Fe（CN）$_6^{3-}$ 和 Ni^{2+} 相对较弱的络合能力，印迹的 Ni^{2+} 可以通过不断的电势振荡被置出膜外，因此可以有效地避免传统离子印迹法中所需的大量洗脱步骤。基于以上分析，该 Ni^{2+} 印迹的 FCN/PPy 杂化膜可以被有效地应用于污水中的重金属离子的分离。该种合成方法将提供一种新型的途径用于制备离子印迹的 ESIX 杂化膜。

图 7-20 所示为采用 UPEP 方法制备 Ni^{2+}-FCN/PPy 杂化膜的合成机理。如图所示，UPEP 的电势由开时间过程中一段恒定电势和关时间过程中一段逐渐下降的开路电势组成。脉冲开时间时，吡咯单体在 0.8V 的电位下通过电化学氧化聚合形成低聚体。而后，在脉冲关时间过程中，由于环路电流被切断，所以吡咯的氧化聚合停止。此时，Ni^{2+}将与置入膜内掺杂的 FCN 离子发生络合反应。当下次脉冲开始时，吡咯单体将在新的活性位点继续聚合。根据 HSAB 理论，作为边界酸的 Ni^{2+} 与作为软碱的 FCN 之间的结合力相对较弱。因此，关时间过程中与 FCN 络合的 Ni^{2+} 在开时间 0.8V 这一较高的电位驱动下很容易被置出膜外。在此基础上，将在杂化膜中形成 Ni^{2+} 印迹的孔穴。基于以上机理，在 UPEP 过程中经过反复不断的电势振荡，可以有效地合成一种 Ni^{2+} 印迹的 FCN/PPy 杂化膜。

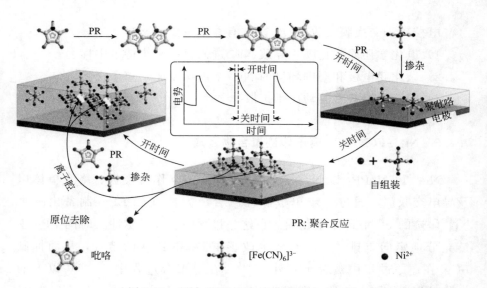

图 7-20　Ni^{2+}-FCN/PPy 杂化膜的合成机理

本研究采用 EDS 技术分析不同杂化膜的元素组成，其结果如图 7-21 所示。PPy 膜主要显示出 C、N 和 Cl 元素，其中 C 和 N 元素源于吡咯环，而 Cl 元素则来自于 PPy 聚合过程中掺杂的 Cl^-。与 PPy 相比，FCN/PPy 和 Ni^{2+}-FCN/PPy 杂化膜在 6.4keV 处显示出明显的 Fe 元素的峰。这一结果表明，在聚合过程中 FCN 离子被成功地掺杂到了杂化膜内。此外，Ni^{2+}-FCN/PPy 杂化膜的 EDS 图谱中没有出现 Ni 元素的峰，进一步表明 Ni^{2+} 在制备过程中被有效地置出膜外。

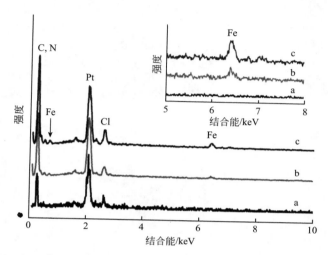

图 7-21　PPy 膜、FCN/PPy 杂化膜和 Ni^{2+}-FCN/PPy 杂化膜的 EDS 图谱
a—PPy 膜；b—FCN/PPy 杂化膜；c—Ni^{2+}-FCN/PPy 杂化膜

图 7-22 所示为 PPy、FCN/PPy 和 Ni^{2+}-FCN/PPy 膜的扫描电子显微镜图片。由图可知，PPy 和 FCN/PPy 膜均表现出典型的菜花状结构。与前两者不同，Ni^{2+}-FCN/PPy 杂化膜显示出由球状颗粒堆积而成的多孔形貌。这种结构有利于提高杂化膜的比表面积，进而改善其离子交换容量。

7.4.6　Ni^{2+}-FCN/PPy 复合膜的 ESIX 表征

图 7-23（a）、（b）分别为 FCN/PPy 和 Ni^{2+}-FCN/PPy 杂化膜在 0.1mol/L Ni（NO_3）$_2$ 溶液中的循环伏安曲线以及质量变化曲线。如图 7-23（a）所示，在氧化还原过程中 FCN/PPy 的质量仅发生微小的变化。研究表明，采用化学氧化法合成 FCN/PPy 杂化膜时，掺杂在 PPy 膜中 FCN 离子在低于－0.4V 的电位下会被置出膜外[38]。本研究中，通过 UPEP 方法制备的 FCN/PPy 杂化膜在循环伏安过程中并未出现明

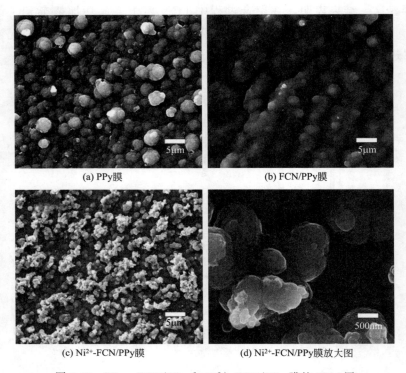

(a) PPy膜   (b) FCN/PPy膜

(c) Ni²⁺-FCN/PPy膜   (d) Ni²⁺-FCN/PPy膜放大图

图 7-22   PPy、FCN/PPy 和 Ni^{2+}-FCN/PPy 膜的 SEM 图

显的质量减少。这是由于在脉冲关时间过程中，PPy 主链通过构象重排可以增强与 FCN 离子的结合力，进而抑制其在还原过程中被置出膜外。

图 7-23（b）为 Ni^{2+}-FCN/PPy 杂化膜的循环伏安曲线及其在氧化还原过程中伴随的质量变化曲线。如图所示，Ni^{2+}-FCN/PPy 杂化膜在氧化还原过程中表现出明显的质量变化。当电位从 0V 向－0.9V 进行负向扫描时，杂化膜的质量快速地增加。基于电荷补偿原理，该过程对应阳离子（Ni^{2+}）的置入。相反地，当电位充 0.3V 正向扫描到 0.6V 时，杂化膜的质量出现一个急速地衰减，这一过程对应阳离子（Ni^{2+}）的释放。这一过程中具体的离子交换过程可以通过机理图 7-24 表示。此外，在氧化还原过程中，阳离子（Ni^{2+}）的置入与释放分别处于不同的电位，这是由于 FCN 在氧化还原状态下与 Ni^{2+} 不同结合力造成的。根据 HASB 理论，处于还原态的 $Fe(CN)_6^{4-}$ 与 Ni^{2+} 的结合力要强于处

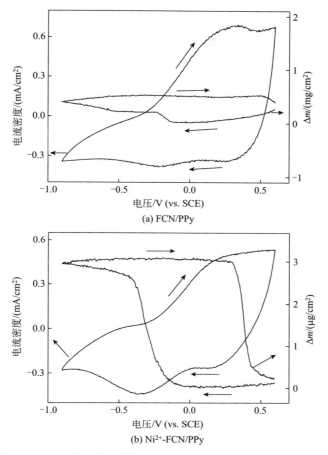

(a) FCN/PPy

(b) Ni²⁺-FCN/PPy

图 7-23 FCN/PPy 和 Ni²⁺-FCN/PPy 的循环伏安和质量变化图

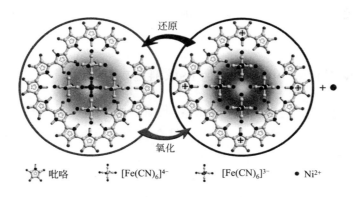

图 7-24 Ni²⁺-FCN/PPy 杂化膜的 ESIX 机理

于氧化态的 Fe（CN）$_6^{3-}$。因此，当杂化膜处于氧化态时，Ni^{2+} 容易被释放出膜外。与没有离子印迹的 FCN/PPy 杂化膜相比，Ni^{2+}-FCN/PPy 杂化膜显示出更高的离子交换容量，这主要归因于其高的比表面积以及大量的离子印迹空穴。

图 7-25 所示为单位质量 Ni^{2+}-FCN/PPy 杂化膜对 Ni^{2+} 的电控离子交换量受溶液中不同 pH 值影响的实验结果。如图所示，随着溶液 pH 值的不断降低，溶液中的 H^+ 浓度不断升高，Ni^{2+}-FCN/PPy 杂化膜对 Ni^{2+} 的电控离子交换量急速下降。这主要是由于 Ni^{2+}-FCN/PPy 杂化膜在酸性溶液中电控离子交换重金属时，溶液中大量的质子容易取代重金属离子而与杂化膜中的活性位结合，从而显著降低其电控离子交换性能。

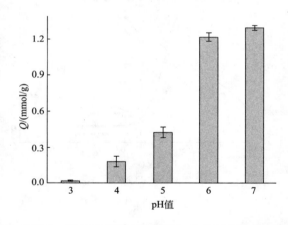

图 7-25　溶液中 pH 值对 Ni^{2+}-FCN/PPy 杂化膜离子交换量的影响

7.4.7　Ni^{2+}-FCN/PPy 复合膜的 ESIX 性能研究

本研究采用二元混合溶液体系对 Ni^{2+}-FCN/PPy 复合膜的选择性进行表征。首先将 Ni^{2+}-FCN/PPy 复合膜置入 3 种不同的溶液中进行循环伏安表征。3 种溶液分别为 0.1mol/L $Ni(NO_3)_2$ 溶液、0.1mol/L $Ca(NO_3)_2$ 溶液以及 0.1mol/L 摩尔比为 1∶1 的 $Ni(NO_3)_2$ 和 $Ca(NO_3)_2$ 的混合溶液。由于 Ni^{2+}-FCN/PPy 复合膜在经过 5 次循环伏安扫描以后，电流和质量变化曲线基本保持重现，因此，图 7-26（a）、（b）所示分别为 Ni^{2+}-FCN/PPy 复合膜在 3 种溶液中循环伏安第 6 次的电流响应曲线以及质量变化曲线。如图所示，Ni^{2+}-FCN/PPy 复合膜在 $Ni(NO_3)_2$ 溶液中显示出较大的峰电流，同时产生了较大的质量变化。这表明 Ni^{2+}-FCN/PPy 复合膜在 $Ni(NO_3)_2$ 溶液中具有更好的电活性。

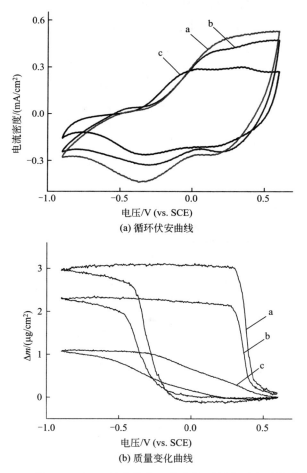

(a) 循环伏安曲线

(b) 质量变化曲线

图 7-26　Ni^{2+}-FCN/PPy 复合膜在 3 种含有不同金属离子的溶液中同步记录的循环伏安曲线和质量变化曲线

a—0.1mol/L 的 $Ni(NO_3)_2$ 溶液；b—0.1mol/L 的 $Ni(NO_3)_2$ 和 $Ca(NO_3)_2$ 摩尔比为 1∶1 的混合溶液；c—0.1mol/L $Ca(NO_3)_2$ 溶液

　　为进一步模拟重复的吸脱附过程，本研究将 Ni^{2+}-FCN/PPy 复合膜置入 0.1mol/L Ni（NO$_3$）$_2$ 溶液中，并在 -0.2~0.8V 之间周期性地调控膜电极电位以实现离子反复的置入与释放。图 7-27（a）所示为电势阶跃过程中，EQCM 监测的 Ni^{2+}-FCN/PPy 复合膜质量变化曲线。由图可知，Ni^{2+}-FCN/PPy 复合膜在 -0.2V 控制的还原过程中质量增加，而在 0.8V 控制的氧化状态下质量不断减小。基于电荷补偿原理，进一步表明 Ni^{2+}-FCN/PPy 复合膜在氧化还原过程中表现出阳离子交换性能。

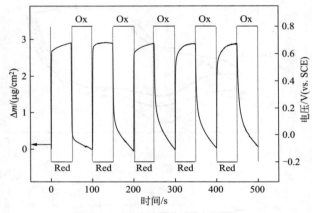

(a) Ni^{2+}-FCN/PPy复合膜的质量变化曲线

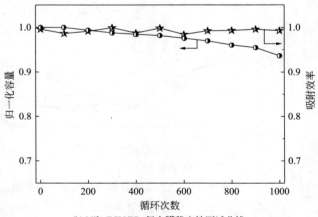

(b) Ni^{2+}-FCN/PPy复合膜稳定性测试曲线

图 7-27　Ni^{2+}-FCN/PPy 复合膜电化学性能测试

（Ox 代表氧化状态，Red 代表还原状态）

图 7-27 （b） 所示为 Ni^{2+}-FCN/PPy 复合膜在 0.1mol/L Ni （NO$_3$）$_2$ 溶液中的稳定性测试曲线。由图可知，Ni^{2+}-FCN/PPy 复合膜在重复氧化还原 1000 次以后，其质量变化仍可以保持初始值的 93.5%，而且每次置入的 Ni^{2+}，其脱附效率都可以保持在 98.5% 以上。表明该复合膜可以作为一种优良的 ESIX 材料用于 Ni 离子的分离与回收。

采用一种新型的单极脉冲电聚合方法制备出一种 Ni^{2+} 印迹的 FCN/PPy 杂化膜。印迹离子可以在制备过程中，通过有效的电势振荡被置出膜外，从而有效地避免了传统离子印迹方法中所需大量酸洗步骤。此外，Ni^{2+} 的置入与释放可以通过有效地调节 FCN/PPy 杂化膜的氧化还原状态来实现。研究结果表明：Ni^{2+}-FCN/PPy 杂化膜的电控离子交换量高达 1.298mmol/g，而且可以在 50s 以内基本达到饱和。Ni^{2+}-FCN/PPy 杂化膜对 Ni^{2+}/Ca^{2+}、Ni^{2+}/K^+ 和 Ni^{2+}/Na^+ 的分离因子分别为 6.3、5.6 和 6.2。该杂化膜对 Ni^{2+} 优良的电控离子交换性能和选择性主要源于其氧化还原过程中 PPy 以及 FCN 产生的双重驱动力以及离子印迹孔穴的记忆效应。

7.5　镉离子分离

笔者课题组采用单级脉冲法合成了 α-ZrP/PANI 杂化膜，将其用作 ESIX 中的电活性材料，研究了其对 Ni^{2+} 的离子交换过程，提出了电控离子交换过程中的质子泵机理[39]。本实验进一步优化 α-ZrP/PANI 杂化膜的制备条件，采用循环伏安法（CV）在水相中制备聚苯胺/α-磷酸锆/碳毡（α-ZrP/PANI/PTCF）电极，将膜电极进行放大，用于电控离子交换去除水溶液中 Cd$^{(II)}$，研究初始浓度、温度、还原电压大小对 Cd^{2+} 去除的影响，并分析吸附动力学机理，计算膜电极最大吸附容量，验证膜电极的重复使用性能。

7.5.1　α-ZrP/PANI 及 α-ZrP 的形貌表征

为考察 α-ZrP、α-ZrP/PANI 的元素组成，将制备在涂有碳纳米管

铂片上的 α-ZrP 和 α-ZrP/PANI 分别进行 EDS 元素分析。结果如图 7-28 所示，曲线 a 中 0.52keV、2.04keV、2.01keV 处的峰分别代表元素 O、Zr、P，说明 α-ZrP 被成功合成；曲线 b 中相应的位置也出现了元素 O、Zr、P 的峰。此外，曲线 b 中 0.28keV、0.24keV 出现明显的峰，分别对应元素 C、N，证实了 PANI 的存在，说明 α-ZrP/PANI 杂化膜被成功合成。

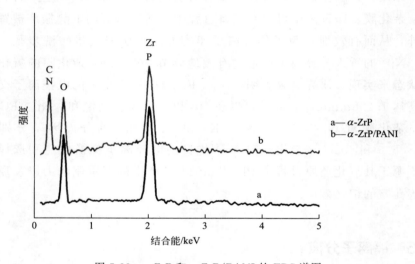

图 7-28　α-ZrP 和 α-ZrP/PANI 的 EDS 谱图

图 7-29 为 α-ZrP 和 α-ZrP/PANI 的 SEM 图，制备在涂有碳纳米管铂片上的 α-ZrP 呈现较大的片状和层状结构，而同种方法制备的 α-ZrP/PANI 却呈现类似于颗粒的形貌，这可能是由合成过程中苯胺单体与磷酸锆在电位作用下无序杂化所导致的结果。此外，α-ZrP/PANI 类似于颗粒状的形貌提供了其较大的比表面积，这将有利于离子交换过程。

7.5.2　α-ZrP/PANI/PTCF 膜电极离子交换性能研究

图 7-30 所示为不同膜电极在还原状态下对溶液中 Cd^{2+} 的去除性能对比图。可以看出，在 1mg/L Cd^{2+} 的水溶液中，对空白碳毡（PTCF）

(a) α-ZrP的SEM图　　　　(b) α-ZrP/PANI的SEM图

图 7-29　α-ZrP 和 α-ZrP/PANI 的 SEM 图

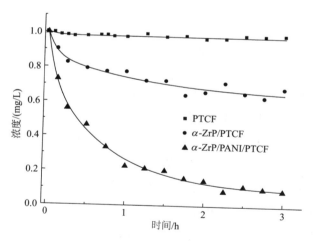

图 7-30　不同电极在施加相同还原电压后溶液中 Cd^{2+} 浓度变化对比图

施加 −0.5V（vs. SCE）还原电压，溶液中 Cd^{2+} 浓度基本不随时间变化，说明单一的 PTCF 对 Cd^{2+} 几乎没有吸附能力。而使用 α-ZrP/PANI/PTCF 电极作为工作电极时，施加 3h 还原电压，Cd^{2+} 浓度由初始 1mg/L 减小到 0.09mg/L。由单一 PTCF 无吸附作用可知，α-ZrP/PANI 为膜电极的电活性组分，其在还原电压作用下离子交换速率和交换能力显著提高。为进一步证实杂化膜显著的离子交换能力，α-ZrP/PTCF 电极也参与对比实验。在相同还原电压下，经过 3h 离子交换过程，Cd^{2+} 初始浓度由 1mg/L 降至 0.68mg/L，这与 α-ZrP 本身具有离子交换性能相符合。但是 α-ZrP/PANI 的 Cd^{2+} 交换能力明显大于 α-ZrP，这可能是由于 PANI 与 α-ZrP 经过杂化后，杂化膜的电活性显著提高，在电位影响下电子的转移速率加快，α-ZrP 中更多的氢质子转移到 PANI 上，进而为膜电极提供更多的活性位点。

此外，由图 7-30 可以看出，在相同的还原电位作用下，α-ZrP/PTCF 和 α-ZrP/PANI/PTCF 电极对初始浓度为 1mg/L Cd^{2+} 水溶液的吸附容量不同。经过 3h 离子交换后，两种电极对 Cd^{2+} 的吸附容量分别为 4.6mg/g、12.2mg/g，说明 α-ZrP/PANI/PTCF 电极在 ESIX 中具有更强的离子吸附能力，进一步证明其具有较强的离子交换能力。

7.5.3　α-ZrP/PANI/PTCF 膜电极吸、脱附及循环寿命

在实际应用中往往需要重复使用离子交换材料，这就需要对膜电极进行脱附处理，使膜电极得到再生。图 7-31 为 α-ZrP/PANI/PTCF 电极在 0.9V 氧化电压下对 Cd^{2+} 的吸附容量和脱附效率曲线。由图 7-31（b）可以看出，经过 4h 的脱附实验，对 Cd^{2+} 的脱附效率可达到 98.7%，这表明 0.9V 氧化电压可以实现 Cd^{2+} 的脱附。为进一步研究膜电极吸附容量的稳定性和重复使用性，进行了 5 组连续吸、脱附实验，实验结果如图 7-32 所示，膜电极第 1 次使用时的吸附量为 27.4mg/g，第 5 次时的吸附量为 26.1mg/g，吸附量仅下降了 1.3mg/g，膜电极的吸附能力保持了初始吸附能力的 95.3%。因此，通过施加氧化电压可以使已吸附的 Cd^{2+} 脱附，同时实现膜电极的再生。α-ZrP/PANI/PTCF 电极较好的再生性能表明其在 Cd^{2+} 去除领域具有较大的应用潜力。

本部分在碳毡基体上合成了 α-ZrP/PANI，并将 α-ZrP/PANI/

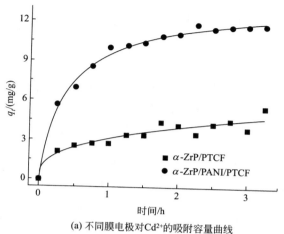

(a) 不同膜电极对Cd²⁺的吸附容量曲线

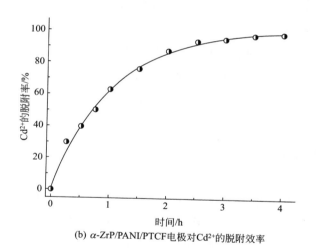

(b) α-ZrP/PANI/PTCF电极对Cd²⁺的脱附效率

图 7-31　α-ZrP/PANI/PTCF 电极在 0.9V 氧化
电压下对 Cd²⁺ 的吸附容量和脱附效率曲线

PTCF 电极用作电活性材料以去除水中的 Cd²⁺，α-ZrP/PANI/PTCF 电极能够有效地用于 ESIX 去除水中的 Cd²⁺，还原电压的施加使得 Cd²⁺ 的去除效率显著加强，在 15min 时膜电极的吸附量就可以达到其平衡吸附量的 50%；还原电压越高，Cd²⁺ 的置入速率越大。随着初始浓度

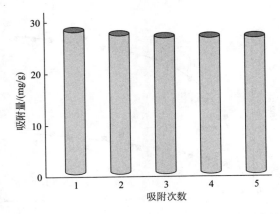

图 7-32 α-ZrP/PANI/PTCF 电极吸附容量的稳定性

的增加，膜电极对 Cd^{2+} 的吸附容量增多，对 Cd^{2+} 的去除率反而降低，$-0.5V$ 还原电压时的最大吸附量达到 $117.6mg/g$，远大于单纯离子交换过程，并优于许多吸附材料，α-ZrP/PANI/PTCF 电极在 $0.9V$ 时的脱附率达到 98.7%，连续 5 次吸、脱附后，膜电极仍能保持其初始吸附容量的 95.3%，具有较高的再生性能。

7.6 其他重金属分离

电化学还原硫用于去除水中痕量毒性金属离子是通过 ESIX 技术对膜电极施加还原电位，使处于膜电极中的单质硫被还原为负价态的硫离子，由于大多数金属硫化物溶度积较小因而难溶于水。常见的难溶硫化物有 ZnS、NiS、CoS、CuS、CdS、PbS、AgS、HgS、AsS。

研究发现，电化学还原硫可以有效地去除废水中的多种重金属离子，通过施加电位可以较快地吸附溶液中的重金属离子，大多数重金属离子可以在 $30min$ 以内达到基本去除（或吸附平衡）（图 7-33）。对于溶度积较小的 Pb^{2+}、Cu^{2+}、Ag^+、Hg^{2+} 去除率达到 99.99% 以上，对于 Hg 平衡浓度可以达到 $1.2\mu g/L$（表 7-4）。

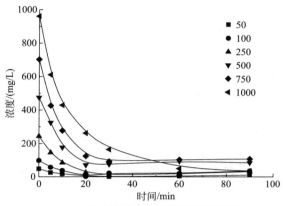

(a) PPy/S膜电极对Co²⁺的吸附容量曲线

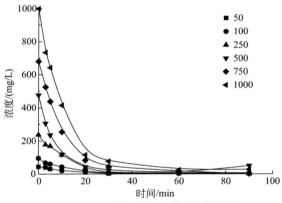

(b) PPy/S膜电极对Ni²⁺的吸附容量曲线

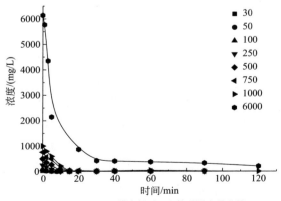

(c) PPy/S膜电极对Cd²⁺的吸附容量曲线

图 7-33

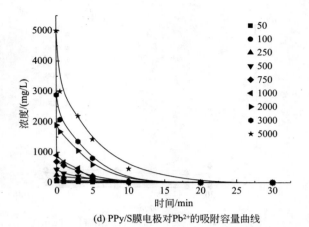

(d) PPy/S膜电极对Pb²⁺的吸附容量曲线

图 7-33　PPy/S 膜电极对不同离子的吸附容量曲线

表 7-4　含硫材料对单个离子的吸附效果

单个离子	C_0/(mg/L)	C_e/(mg/L)	离子去除率/%
Zn²⁺	90	2.5	97.222
Co²⁺	99.4	1.84	98.149
Ni²⁺	95.6	0.1	99.895
Cd²⁺	95	0.88	99.074
Pb²⁺	253.15	0.025	99.990
Cu²⁺	99	0.027	99.973
As³⁺/As⁵⁺	10	0.39	96.100
Ag⁺	98.5	0.024	99.976
Hg²⁺	30	0.0012	99.996

注：C_0 为重金属离子初始浓度；C_e 为重金属离子吸附后浓度。

　　电化学还原硫可以有效地利用化合物固有的难溶性去除水中痕量毒性金属离子，用于负载单质硫的聚吡咯球壳不仅可以导电还可以为反应提供场所，电化学还原硫可以有效地去除废水中的多种重金属离子，具有去除能力大、去除效率高等优点。不仅对于较高浓度的离子有效果，对微量的重金属离子同样可以达到痕量的水平，对于银、铅、汞等溶度积非常小的毒性重金属离子去除效果接近饮用水标准，这对于目前处理工业废水具有重要意义。

○ 参考文献

[1] Ozdes, D. , Duran, C. , Senturk, H. B. Adsorptive removal of Cd（Ⅱ）and Pb（Ⅱ）ions from aqueous solutions by using Turkish illitic clay [J] . Journal of environmental management, 2011, 92(12): 3082-3090.

[2] Amarasinghe, B. , Williams, R. Tea waste as a low cost adsorbent for the removal of Cu and Pb from wastewater [J] . Chemical Engineering Journal, 2007, 132(1): 299-309.

[3] Potgieter, J. , Potgieter-Vermaak, S. , Kalibantonga, P. Heavy metals removal from solution by palygorskite clay [J] . Minerals Engineering, 2006, 19(5): 463-470.

[4] Xiong, L. , Chen, C. , Chen, Q. , et al. Adsorption of Pb（Ⅱ）and Cd（Ⅱ）from aqueous solutions using titanate nanotubes prepared via hydrothermal method [J] . Journal of hazardous materials, 2011, 189(3): 741-748.

[5] Naiya, T. K. , Bhattacharya, A. K. , Das, S. K. Adsorption of Cd（Ⅱ）and Pb（Ⅱ）from aqueous solutions on activated alumina [J] . Journal of Colloid and Interface Science, 2009, 333(1): 14-26.

[6] Taty-Costodes, V. C. , Fauduet, H. , Porte, C. ,et al. Removal of Cd（Ⅱ）and Pb（Ⅱ）ions, from aqueous solutions, by adsorption onto sawdust of Pinus sylvestris [J] . Journal of hazardous materials, 2003, 105(1): 121-142.

[7] Wang, C. -C. , Chang, C. -Y. , Chen, C. -Y. Study on metal ion adsorption of bifunctional chelating/ion-exchange resins [J] . Macromolecular Chemistry and Physics, 2001, 202(6): 882-890.

[8] Hao X. -G. Li Y. ,Pritzker M. Pulsed electrodeposition of nickel hexacyanoferrate films for electrochemically switched ion exchange [J] . Separation and Purification Technology,2008,63(2):407-414.

[9] Weidlich, C. , Mangold, K. -M. , Jüttner, K. Conducting polymers as ion-exchangers for water purification [J] . Electrochimica Acta, 2001, 47(5): 741-745.

[10] Hepel, M. , Xingmin, Z. , Stephenson, R. , et al. Use of electrochemical quartz crystal microbalance technique to track electrochemically assisted removal of heavy metals from aqueous solutions by cation-exchange composite polypyrrole-modified electrodes [J] . Microchemical journal, 1997, 56(1): 79-92.

[11] Le, X. T. , Viel, P. , Jegou, P. ,et al. Electrochemical-switchable polymer film: An emerging technique for treatment of metallic ion aqueous waste [J] . Separation and Purification Technology , 2009, 69(2): 135-140.

[12] Le, X. T. , Viel, P. , Sorin, A. ,et al. Electrochemical behaviour of polyacrylic acid coated gold electrodes: An application to remove heavy metal ions from wastewater [J] . Electrochimica Acta, 2009, 54(25): 6089-6093.

[13] ALOthman, Z. A. , Naushad, M. Recent developments in the synthesis, characterization and applications of zirconium（Ⅳ）based composite ion exchangers [J] . Journal of Inorganic and Organometallic Polymers and Materials,

2013, 23(2): 257-269.

[14] Pan, B. , Zhang, Q. , Du, W. ,et al. Selective heavy metals removal from waters by amorphous zirconium phosphate: behavior and mechanism [J] . Water research, 2007, 41(14): 3103-3111.

[15] Clearfield, A. , Duax, W. L. , Medina, A. S. ,et al. On the Mechanism of ion exchange in crystalline zirconium phosphates. I. Sodium ion exchange of α-zirconium phosphate [J] . The Journal of Physical Chemistry, 1969, 73(10): 3424-3430.

[16] Torracca, E. Crystalline insoluble salts of polyvalent metals and polybasic acids—Ⅶ Ion exchange behaviour of Li^+ , Na^+ and K^+ forms of crystalline zirconium phosphate [J] . Journal of Inorganic and Nuclear Chemistry, 1969, 31 (4): 1189-1197.

[17] Kullberg, L. , Clearfield, A. Mechanism of ion exchange in zirconium phosphates. 32. Thermodynamics of alkali metal ion exchange on crystalline. α-zirconium phosphate [J] . The Journal of Physical Chemistry, 1981, 85(11): 1585-1589.

[18] Clearfield, A. Ion exchange and adsorption in layered phosphates [J] . Materials chemistry and physics, 1993, 35(3): 257-263.

[19] Clearfield, A. , Duax, W. L. , Garces, J. M. ,et al. On the mechanism of ion exchange in crystalline zirconium phosphates-Ⅳ potassium ion exchange of α-zirconium phosphate [J] . Journal of Inorganic and Nuclear Chemistry, 1972, 34(1): 329-337.

[20] Garcia, M. E. , Naffin, J. L. , Deng, N. , et al. Preparative-Scale Separation of Enantiomers Using Intercalated α-Zirconium Phosphate [J] . Chemistry of materials, 1995, 7(10): 1968-1973.

[21] Sun, L. , Boo, W. J. , Browning, R. L. ,et al. Effect of crystallinity on the intercalation of monoamine in α-zirconium phosphate layer structure [J] . Chemistry of materials, 2005, 17(23): 5606-5609.

[22] Jiang, P. , Pan, B. , Pan, B. ,et al. A comparative study on lead sorption by amorphous and crystalline zirconium phosphates [J] . Colloids and Surfaces A: Physicochemical and Engineering Aspects, 2008, 322(1): 108-112.

[23] Wang, L. , Xu, W. , Yang, R. , et al. Electrochemical and density functional theory investigation on high selectivity and sensitivity of exfoliated nano-zirconium phosphate toward lead (Ⅱ) [J] . Analytical chemistry, 2013, 85(8): 3984-3990.

[24] Bober, P. , Stejskal, J. , Trchová, M. ,et al. In-situ prepared polyaniline-silver composites: Single-and two-step strategies [J] . Electrochimica Acta, 2014, 122: 259-266.

[25] Blacha-Grzechnik, A. , Turczyn, R. , Burek, M. ,et al. In situ Raman spectroscopic studies on potential-induced structural changes in polyaniline thin films synthesized via surface-initiated electropolymerization on covalently modified gold surface [J] . Vibrational Spectroscopy, 2014, 71: 30-36.

［26］ Jin, Y. , Jia, M. Preparation and electrochemical capacitive performance of polyaniline nanofiber-graphene oxide hybrids by oil-water interfacial polymerization [J] . Synthetic Metals, 2014, 189: 47-52.

［27］ Zhang, Z. , Xu, X. , Yan, Y. Kinetic and thermodynamic analysis of selective adsorption of Cs(I) by a novel surface whisker-supported ion-imprinted poly-mer [J] . Desalination, 2010, 263(1-3): 97-106.

［28］ El-Naggar, I. M. , Zakaria, E. S. , Ali, I. M. , et al. Kinetic modeling analysis for the removal of cesium ions from aqueous solutions using polyaniline titanotungstate [J] . Arabian Journal of Chemistry, 2012, 5(1): 109-119.

［29］ Wang, Z. , Feng, Y. , Hao, X. , et al. An intelligent displacement pumping film system: A new concept for enhancing heavy metal ion removal efficiency from liquid waste [J] . Journal of hazardous materials, 2014, 274: 436-442.

［30］ Langmuir, I. The adsorption of gases on plane surfaces of glass, mica and platinum [J] . Journal of the American Chemical Society, 1918, 40(9): 1361-1403.

［31］ Sheng, P.-X. , Ting, Y.-P. , Chen, J.-P. , et al. Sorption of lead, copper, cadmium, zinc, and nickel by marine algal biomass: characterization of biosorptive capacity and investigation of mechanisms [J] . Journal of colloid and interface science, 2004, 275(1): 131-141.

［32］ Saeed, A. , Iqbal, M. , Akhtar, M. W. Removal and recovery of lead (II) from single and multimetal (Cd, Cu, Ni, Zn) solutions by crop milling waste (black gram husk) [J] . Journal of hazardous materials, 2005, 117(1): 65-73.

［33］ Isaac, C. P. J. , Sivakumar, A. Removal of lead and cadmium ions from water using Annona squamosa shell: kinetic and equilibrium studies [J] . Desalination and Water Treatment, 2013, 51(40-42): 7700-7709.

［34］ Gupta, S. S. , Bhattacharyya, K. G. Immobilization of Pb (II), Cd (II) and Ni (II) ions on kaolinite and montmorillonite surfaces from aqueous medium [J] . Journal of environmental management, 2008, 87(1): 46-58.

［35］ Du, X. , Hao, X. , Wang, Z. , et al. Highly stable polypyrrole film prepared by unipolar pulse electro-polymerization method as electrode for electrochemical supercapacitor [J] . Synthetic Metals, 2013, 175(0): 138-145.

［36］ Sharma, R. K. , Rastogi, A. C. , Desu, S. B. Pulse polymerized polypyrrole electrodes for high energy density electrochemical supercapacitor [J] . Electrochemistry Communications, 2008, 10(2): 268-272.

［37］ Wang, Z. , Wang, Y. , Hao, X. , et al. An all cis-polyaniline nanotube film: Facile synthesis and applications [J] . Electrochimica Acta, 2013, 99: 38-45.

［38］ Torres-Gómez, G. , Gómez-Romero, P. Conducting organic polymers with electroactive dopants. Synthesis and electrochemical properties of hexacyanoferrate-doped polypyrrole [J] . Synthetic Metals, 1998, 98(2): 95-102.

［39］ Mashitah, M. , Yus Azila, Y. , Bhatia, S. Biosorption of cadmium (II) ions by immobilized cells of *Pycnoporus sanguineus* from aqueous solution [J] . Bioresource Technology, 2008, 99(11): 4742-4748.

8 阴离子分离

8.1 引言

在造成水体污染的化学性污染物质中，有部分污染物以阴离子的形式存在，并对水生态环境及人体健康具有直接或潜在的危害。一些阴离子污染物质对人体具有较强毒性，这些离子进入水体后会破坏水质，同时随着食物链迁移进入人体内，对社会环境和人类健康造成巨大的危害。例如 CN^-、CrO_4^{2-}、F^-、ClO_4^-、I^- 等。

目前对水中阴离子污染物的去除方法主要包括化学还原法、化学沉淀法、微生物法、吸附法、离子交换法、膜分离法及电化学方法等，其中电控离子交换（ESIX）在阴离子处理方面的应用越来越引起人们的关注。研究发现导电聚合物的 ESIX 性能跟其制备工艺有着紧密的联系，如制备条件不同，掺杂的阴离子大小不同以及膜厚的不同都会造成膜的离子交换性能的巨大变化[1,2]。当掺杂较小阴离子（Cl^-、ClO_4^-、NO_3^- 等）时，聚吡咯膜表现出明显的阴离子交换特性；当掺杂较大阴离子基团（polyvinylsulfonate，PVS^-；polystyrenesulfonate，PSS^-）时，由于此类离子具有较大的体积，很难在聚吡咯基体内自由移动，因此膜电极表现出阳离子交换特性。Liu 等[3] 利用 ESIX 技术，利用不同阴离子在 PPy 膜中移动性的明显差异（如 $ClO_4^- < Br^- < Cl^- < NO_3^-$），将 PPy 膜沉积在具有高比表面积的碳纳米管上用来去除水中的有害高氯酸根（ClO_4^-），结果表明 PPy 的电化学氧化还原过程伴随着离子的

置入置出。Zhai 等[4,5] 同样利用具有电化学活性的 PANI 膜 ESIX 去除水中的氟离子（F⁻），并考察了不同电压、不同溶液 pH 值对膜的 ES-IX 性能的影响，结果表明 ESIX 技术作为一种新型的节能环保技术在水处理方面有着潜在的应用价值。Bobacka 等[6] 在聚偏氟乙烯（PVDF）膜上电化学聚合了分别具有阴离子交换功能的的 PPy（ClO$_4^-$）/PVDF 膜，具有阳离子交换功能的 PPy（PSS）/PVDF 膜和具有混合离子交换功能的 PPy（pTS）/PVDF 膜；并提出了宏观电荷平衡理论来解释阴阳离子在复合膜之间的移动行为。

8.2　氟离子分离

氟是一种非金属化学元素，化学符号 F，原子序数 9。氟是卤族元素之一，属周期系ⅦA 族，在元素周期表中位于第二周期。氟是人体内重要的微量元素，以氟离子的形式广泛分布于自然界。适量的氟有助于加强牙齿对细菌酸性腐蚀的抵抗力，起到防止龋齿的作用，但高氟水对人体是有害的，长期饮用氟浓度大于 1.0mg/L 的水易引起氟斑牙病；长期饮用氟浓度为 3～6mg/L 的水则会引起氟骨病。

8.2.1　Fe$_3$O$_4$@PPy 复合纳米颗粒的性质

本节以 Fe$_3$O$_4$ 磁性纳米颗粒为模板，化学氧化包覆具有 ESIX 功能的导电高分子聚吡咯，通过离子交换对氟离子进行吸附。研究了初始浓度、时间、温度、对氟离子的吸附影响。采用了电磁耦合再生技术实现了复合纳米颗粒的再生。

图 8-1（a）为 Fe$_3$O$_4$@PPy 复合纳米颗粒 TEM 图，由图可知 Fe$_3$O$_4$@PPy 复合纳米颗粒为球壳结构，直径在 22.5nm 左右，由不同的电子穿透性可知深色区域为 Fe$_3$O$_4$ 颗粒，浅色区为 PPy，说明 Fe$_3$O$_4$@PPy 复合纳米颗粒是以 Fe$_3$O$_4$ 颗粒为核心，PPy 为壳的核壳结构。图 8-1（b）为 Fe$_3$O$_4$@PPy 复合纳米颗粒的磁滞回线，Fe$_3$O$_4$@PPy 复合纳米颗粒在吸附前后的饱和磁化强度分别为 12.34emu/g(1emu/g＝1A·m²/kg，下同) 和 12.27emu/g，明显低于 Fe$_3$O$_4$（59.02emu/g）。表明无磁性的 PPy 包裹在 Fe$_3$O$_4$ 球外，

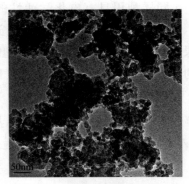

(a) Fe₃O₄@PPy复合纳米颗粒的TEM图

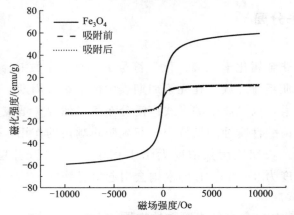

(b) Fe₃O₄@PPy复合纳米颗粒的磁滞回线(1Oe≈79.5775A/m, 下同)

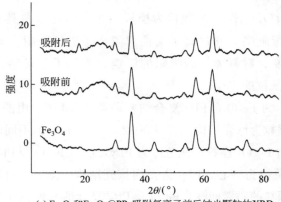

(c) Fe₃O₄和Fe₃O₄@PPy吸附氟离子前后纳米颗粒的XRD

图 8-1　Fe₃O₄@PPy 复合颗粒表征

从磁滞回线曲线观察到的零矫顽力和可逆滞后行为表明 Fe_3O_4@PPy 复合纳米材料具有超顺磁性质。这个特性将使得 Fe_3O_4@PPy 复合纳米颗粒在外部磁场下从溶液中分离。

图 8-1（c） Fe_3O_4 和 Fe_3O_4@PPy 吸附氟离子前后纳米颗粒的 XRD，如图所示 $2\theta=30.093°$、$35.421°$、$43.050°$、$56.940°$和$62.510°$是 Fe_3O_4 颗粒的标准峰，在 $2\theta=25°$附近有聚吡咯的峰，结合 SEM 图看出聚吡咯包裹在 Fe_3O_4 颗粒表面。对比 Fe_3O_4@PPy 吸附氟离子前后峰没有很大的改变，表明吸附过程是通过离子交换进行的。

8.2.2 Fe_3O_4@PPy 复合纳米颗粒电化学吸附性能研究

在 0.1mol/L NaF 溶液中以 10mV/s 扫速进行循环伏安测试 [图 8-2 (a)] 可知 Fe_3O_4@PPy 复合纳米颗粒具有电活性，相比 Fe_3O_4 颗粒导电性较好。循环伏安图有明显的氧化还原峰，说明有离子的置入置出，说明吸附与脱附是可行的。图 8-2（b）为 Fe_3O_4@PPy 复合纳米颗粒在 25℃吸附氟离子的动力学数据，可知吸附的速率很快，在 20min 内达到平衡逐渐趋于平衡，说明 Fe_3O_4@PPy 复合纳米颗粒掺杂氟离子达到饱和。随着初始浓度的增大，吸附率增大；显然，吸附是一个被动的过程，浓度梯度作为驱动力。初始浓度越高导致更高的驱动力，吸收速率越大，并且吸附动力学符合拟二阶模型 [图 8-2（c）]。由图 8-2（d）可知随着温度的升高，吸附量降低，说明吸附过程是个放热反应。并且由此计算出吉布斯函数（ΔG）为负值，说明吸附过程自发进行。

8.2.3 吸脱附性能及稳定性测试

首先通过离子交换进行吸附，然后加一个特定的还原电位使得进行氟离子脱附，然后再加一定的氧化电位进行氟离子吸附，如此循环 20 次。由图 8-3 可以看出吸附容量保持率从 1 降到 0.72，脱附率保持在 95%左右，说明材料的可循环利用率较好。

电化学控制磁性颗粒离子交换是一种新颖的材料再生技术，Fe_3O_4@PPy 复合纳米颗粒对氟化物吸收速率很快并且吸附量与初始浓度、温度等因素有关。吸附动力学符合拟二阶动力学模型。热力学数据

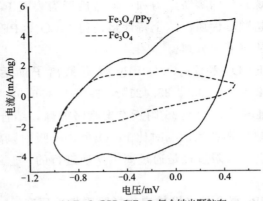

(a) Fe₃O₄@PPy和Fe₃O₄复合纳米颗粒在
0.1mol/L NaF溶液中的循环伏安图

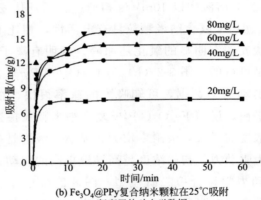

(b) Fe₃O₄@PPy复合纳米颗粒在25℃吸附
氟离子的动力学数据

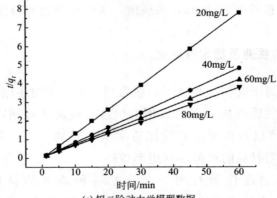

(c) 拟二阶动力学模型数据

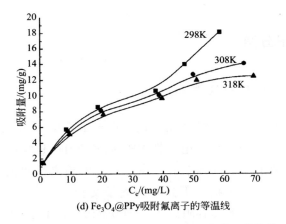

(d) Fe$_3$O$_4$@PPy吸附氟离子的等温线

图 8-2 Fe$_3$O$_4$@PPy 复合纳米颗粒电化学吸附性能

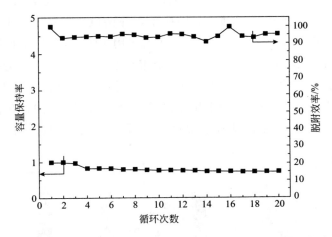

图 8-3 Fe$_3$O$_4$@PPy 复合纳米颗粒对氟离子的吸附-脱附效率曲线

说明吸附过程是放热反应，并且通过离子交换自发进行。XRD 图可以看出 PPy 与 Fe$_3$O$_4$ 成功地聚合在一起，吸附前后无明显变化，说明吸附是通过离子交换进行的。Fe$_3$O$_4$@PPy 纳米复合材料进行 20 次的吸附-脱附实验，脱附率始终保持在 95％左右，脱附效率好，吸附容量保持率下降不是很大。本部分研究丰富了电控离子在阴离子再生方面的应用。

8.3 碘离子分离

8.3.1 ESIX 分离 I⁻ 机理

采用化学沉积法在三维多孔碳毡（Porous Three-dimension Carbon Felt，PTCF）上分别沉积了电活性 PPy 膜和 NiHCF 膜，并设计了新型的电极体系实现了两电极体系下对模拟废液中碘离子和铯离子电化学同时分离操作，其中氧化状态下具有阳离子交换功能的 PPy/PTCF 膜电极作阳极，还原状态下具有阴离子交换功能的 NiHCF/PTCF 膜电极作阴极。

图 8-4 为基于 PPy/PTCF 和 NiHCF/PTCF 膜电极采用 ESIX 法同时分离碘离子与铯离子机理。如图所示，在两电极体系下将 PPy/PTCF 膜电极置于正电压下，由于高电位氧化作用 PPy 膜中的氮原子将发生氧化/质子化反应而失去电子，使整个聚合链具有正电性。为保持膜的电中性，溶液中的碘离子将由静电吸引作用置入聚合链中。与此同时，负电位下的 NiHCF/PTCF 膜电极将发生还原反应，NiHCF 晶格中的 Fe^{3+} 被还原成 Fe^{2+} 使膜具有电负性，为保持膜的电中性，溶液中的铯

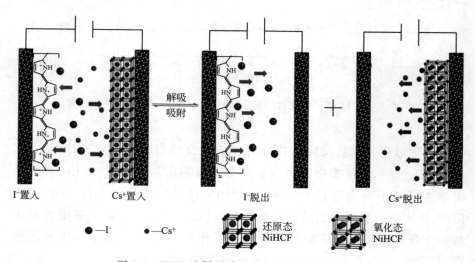

图 8-4 ESIX 法同时分离碘离子和铯离子机理

离子将置入膜内，从而实现了 PPy/PTCF 和 NiHCF/PTCF 膜电极对 I^- 和 Cs^+ 的同时吸附过程。吸附饱和后，取出膜电极用超纯水清洗，分别浸入 2mol/L $NaNO_3$ 的再生液中并施加反向电压，空白碳毡作对电极，实现吸附离子的脱附过程和膜电极的再生过程。

8.3.2　PPy/PTCF 膜电极制备

如图 8-5 所示，NiHCF/PTCF 和 PPy/PTCF 膜电极采用简单的化学沉积方法制备。首先，将直径 3cm、厚 0.6cm 的碳毡基体在乙醇中浸泡 24h 来增加基体表面的亲水性。然后将醇化后的碳毡基体分别浸入 0.05mol/L 的铁氰化钾溶液和 0.1mol/L 的吡咯单体溶液中 12h，使其表面吸附足够多的电解质溶液。最后，将其不经冲洗直接取出分别相应地浸入 0.05mol/L 的硫酸镍溶液和 0.1mol/L 的三氯化铁溶液中 12h 制得所需的 PPy 和 NiHCF 膜。将上述过程连续循环进行 2 次来增加碳毡基体上电活性材料的量。需要指出的是以上所有的溶液均含有体积分数 20% 的乙醇来增加碳毡基体的亲水性。

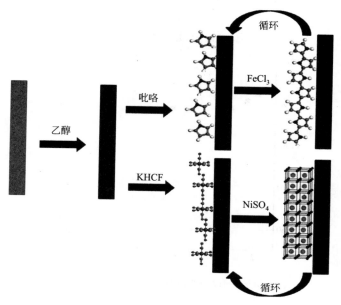

图 8-5　PPy/PTCF 和 NiHCF/PTCF 膜电极的制备机理

8.3.3 PPy/PTCF 膜电极去除碘离子性能研究

如图 8-6 中所示，在没有外加电压的情况下，即传统的离子交换过程中，模拟废水中碘离子的吸附量分别为 7.14mg/g。通过给膜电极施加外加电压，PPy/PTCF 膜电极的吸附容量和吸附速率都发生了显著的增加，膜电极的最大吸附容量为 95.4mg/g，所有的吸附过程在开始

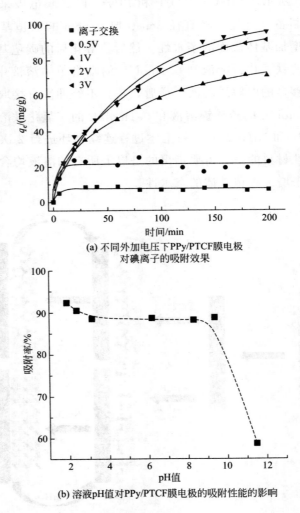

(a) 不同外加电压下PPy/PTCF膜电极
对碘离子的吸附效果

(b) 溶液pH值对PPy/PTCF膜电极的吸附性能的影响

图 8-6　PPy/PTCF 膜电极对 I⁻ 吸附性能测试（一）

的 50min 内均以较高的吸附速率进行，然后随着溶液中离子浓度的降低和电场阻力的增大，吸附速率明显降低并在 200min 时达到吸附平衡。

为了定量分析溶液 pH 值对 I⁻ 吸附过程的影响，在 1V 外加电压下，分别对 40mL pH 值为 1.89～11.48 的一系列碘化铯溶液（5mg/L）吸附 60min，PPy/PTCF 和 NiHCF/PTCF 膜电极分别作为阳极和阴极浸入碘化铯溶液中。如图 8-6（b）中所示，pH 值为 1.89 和 2.38 时，PPy/PTCF 膜电极对溶液中的碘离子的吸附效率都在 90％以上。当 pH 值在 3.16～9.36 间变化时，吸附效率几乎没有改变，保持在 88％左右。当 pH 值超过 9.36 时，随着 pH 值的升高，吸附效率明显下降，而当 pH 值到达 11.48 时，吸附效率只有 58％。这是因为溶液 pH 值的改变对 PPy 膜的质子化和去质子化过程有很大影响，如图 8-7 中所示。pH 值的降低，导致溶液中 H⁺ 浓度呈指数方式增加，使得 PPy 链中的氮原子发生质子化反应或在 PPy 膜表面选择性的吸附 H⁺ 从而增加 PPy 膜的吸附性能。相反，当 pH 值超过 9.36 时，随着 pH 值的升高，溶液中 OH⁻ 的浓度明显升高，使得 PPy 膜上质子化的氮原子发生去质子化反应，从而造成膜电极的吸附容量急剧降低[7]。

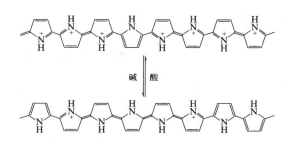

图 8-7　PPy 膜在酸性和碱性环境中的质子化和脱质子化过程示意

8.3.4　PPy/PTCF 电极的吸、脱附及循环稳定性

如图 8-8 所示，开始的 30min 内，脱附液中的碘离子浓度急剧上升，并达到最大值 8.82mg/L。然后逐渐下降直至最小值（1.1mg/L）。

如图 8-8 所示，a、b 曲线在 193nm 和 226nm 处有 2 个很强的吸收峰，为 I⁻ 的特征峰，表明 PPy/PTCF 膜电极对 I⁻ 具有明显的吸附效果；相对的，c 曲线中吸收峰出现在 203nm 处，是碘单质的特征峰，表明膜电极脱附的碘离子在溶液中被氧化为碘单质。因此，实验发现碘离子脱附的过程中，伴随着 I⁻ 在对电极上的氧化：$2I^- - 2e^- \longrightarrow I_2$，脱附和氧化作为竞争反应同时发生，并在脱附的不同阶段交替起主导作用。脱附前期，I⁻ 的脱附起主导作用，从而再生液中的 I⁻ 浓度不断上升。随着脱附速率的下降，I⁻ 在对电极（空白碳毡）上的氧化逐渐起主导作用，使得再生液中的 I⁻ 浓度不断下降直至最小值 1.1mg/L。实验检测可得再生液中碘单质最大浓度可达 18.81mg/L，I⁻ 的最终脱附率大约为 87%。

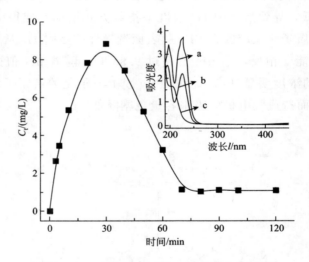

图 8-8　PPy/PTCF 在 NaNO₃ 溶液中的脱附

图 8-9（a）为 PPy/PTCF 膜电极在含有大量 Cl⁻ 的混合溶液中对 I⁻ 的吸附选择性。由图可知膜电极在离子吸附过程中显示出对 I⁻ 的优良选择性，吸附 200min 后膜电极对 I⁻ 的总吸附率达到 90.3%，而相对应的 Cl⁻ 的吸附率只有 9.37%，分离因子达到 90% ［图 8-9（a）］。根据 Hofmeister 理论[8]，阴离子在质子化的 PPy 膜上的竞争离子交换作

用取决于离子本身的水合状态，较小水合态的阴离子易于与 PPy 膜结合发生离子交换反应而吸附到膜基体内。通常来讲 I⁻ 在溶液中具有较小的水合态，相对应的 Cl⁻ 在溶液中具有较高的水合态，因此 PPy/PTCF 在电化学吸附过程中显示出对碘离子优异的选择性。

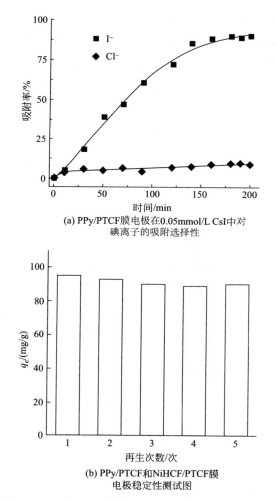

(a) PPy/PTCF膜电极在0.05mmol/L CsI中对
碘离子的吸附选择性

(b) PPy/PTCF和NiHCF/PTCF膜
电极稳定性测试图

图 8-9　PPy/PTCF 膜电极对 I⁻ 吸附性能测试（二）

　　对 PPy/PTCF 膜电极离子分离操作稳定性的研究是评判膜电极能否实现工业应用的重要指标。本实验采用连续吸附-脱附实验来考察膜电极吸附容量随分离次数的变化来考察膜电极的电化学稳定性能。由图 8-9（b）可知，在 5 次连续分离操作之后，PPy/PTCF 电极的吸附容量只有轻微降低，表明 PPy/PTCF 膜电极具有良好电化学稳定性。

　　本节通过设计一种新型的电极系统实现了对溶液中碘离子的电化学分离，其中具有阴离子交换功能的 PPy/PTCF 膜电极作阴极，具有阳离子交换功能的 NiHCF/PTCF 膜电极作阳极。研究表明外加电压和较低的溶液 pH 值能显著地增强膜电极的 ESIX 性能，同时膜电极在 I^- 的分离过程中显示出优良的选择性和电化学稳定性。因此采用 PPy/PTCF 膜电极电化学同时分离废液中的放射性 I^- 和 Cs^+ 具有广阔的应用前景。

⊙ 参考文献

[1] Weidlich, C., Mangold, K.-M., Jüttner, K. EQCM study of the ion exchange behaviour of polypyrrole with different counterions in different electrolytes [J]. Electrochimica Acta, 2005, 50(7): 1547-1552.

[2] Weidlich, C., Mangold, K.-M., Jüttner, K. Conducting polymers as ion-exchangers for water purification [J]. Electrochimica acta, 2001, 47(5): 741-745.

[3] Zhang, S., Shao, Y., Liu, J., et al. Graphene-Polypyrrole Nanocomposite as a Highly Efficient and Low Cost Electrically Switched Ion Exchanger for Removing ClO_4^- from Wastewater [J]. ACS applied materials & interfaces, 2011, 3(9): 3633-3637.

[4] Cui, H., Li, Q., Qian, Y., et al. Defluoridation of water via electrically controlled anion exchange by polyaniline modified electrode reactor [J]. Water research, 2011, 45(17): 5736-5744.

[5] Cui, H., Qian, Y., An, H., et al. Electrochemical removal of fluoride from water by PAOA-modified carbon felt electrodes in a continuous flow reactor [J]. Water research, 2012, 46(12): 3943-3950.

[6] Abidian, M. R., Kim, D. H., Martin, D. C. Conducting-polymer nanotubes for controlled drug release [J]. Advanced materials, 2006, 18(4): 405-409.

[7] Zhang, X., Bai, R. Surface electric properties of polypyrrole in aqueous solutions [J]. Langmuir, 2003, 19(26): 10703-10709.

[8] Sodaye, S., Suresh, G., Pandey, A., et al. Determination and theoretical evaluation of selectivity coefficients of monovalent anions in anion-exchange polymer inclusion membrane [J]. Journal of Membrane Science, 2007, 295(1): 108-113.

9 电控离子交换在传感器方面的应用

9.1 引言

电化学传感器被认为是一种既经济又环保，同时从很大程度上还可以取代那些笨重的、昂贵的、复杂的分析设备的新型仪器，在临床、环保以及生物分析方面有着很大的应用前景[1]。在电化学传感器的研究中，电极材料对传感器性能起着至关重要的作用，由于用在电控离子交换技术上的电活性材料有着独特的电活性及离子交换性能，故其已经广泛应用在传感器上并用于检测离子浓度。

电化学传感器的分类方法很多，按其输出信号的不同可以分为电位型传感器、电流型传感器和电导型传感器[2]。而按照电化学传感器所检测的物质不同，电化学传感器主要可以分为离子传感器、气体传感器和生物传感器。用作电化学传感器的电极材料主要分为无机材料、有机材料以及有机无机杂化材料三大类，且无机材料、有机无机杂化材料的应用居多。Nguyen 等[3] 通过电沉积方法制备了普鲁士蓝纳米管传感器用于检测 K^+，其检出限为 2.0×10^{-8} mol/L 且具有极其宽广的检测线性范围（$5.0 \times 10^{-8} \sim 7 \times 10^{-4}$ mol/L，$7.0 \times 10^{-4} \sim 1.0$ mol/L）及抗干扰能力。Castilho 等[4] 用铁氰化镍修饰的电极检测生物柴油中的 K^+，其检测线性范围为（$4.0 \times 10^{-5} \sim 1.0 \times 10^{-2}$ mol/L）且检测的结果与用火焰光度法检测的基本一致。对于有机材料导电聚合物具有优良导电性及环境稳定性，人们常将其与无机材料掺杂复合用于传感器上。Yang 等[5] 通过电化学方法制备了聚苯胺/铁氰化铜修饰的玻碳电极用作检测亚硫酸盐，此电极可灵敏地检测亚硫酸盐并拥有超强的抗干扰能力。最近笔者及团队制备了一种新型的有机无机杂化电活性离子交换材料 α-ZrP/PANI，并成功地应用到检测 K^+ 的传感器上。

9.2 有机无机杂化材料（α-ZrP/PANI）在传感器中的应用

9.2.1 α-ZrP/PANI 杂化膜检测 K^+ 的机理

关于 α-ZrP/PANI 杂化膜的制备与检测本实验一律采用三电极体系。以碳纸为导电基体作为工作电极，铂丝为对电极，饱和甘汞电极为参比电极，通过电化学循环伏安法来制备杂化膜，扫描电压范围为 $-0.2\sim0.9V$，扫描速度为 $50mV/s$，扫描圈数为 10 圈。

α-ZrP/PANI 杂化膜检测 K^+ 的过程（图 9-1）解释如下。

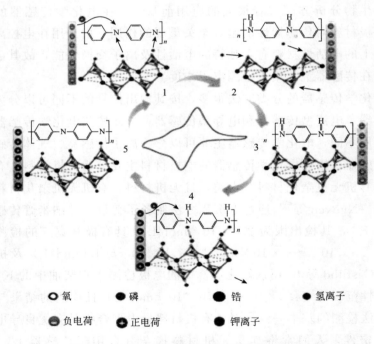

○氧　　●磷　　●锆　　●氢离子

⊖负电荷　　⊕正电荷　　●钾离子

图 9-1　α-ZrP/PANI 杂化膜检测钾离子的机理

将杂化膜置于含有钾离子的溶液进行循环伏安扫描。

1）负向扫描时，负电荷从电极转移到 PANI 上，同时 PANI 链会结合 α-ZrP 上的 H^+ 以维持电荷平衡。

2）PANI 随即变为还原态，$Zr(HPO_4)_2 \cdot H_2O$ 由于失去氢质子形成 $Zr(PO_4)_2^{2-} \cdot H_2O$。

3）α-ZrP 可以识别 $K^{+[6,7]}$，$Zr(PO_4)_2^{2-} \cdot H_2O$ 会结合 K^+ 变成 $Zr(KPO_4)_2 \cdot H_2O$ 维持电中性，如式（7-1）所示。

4）正向扫描时，正电荷从电极转移到 PANI 链上，同时 PANI 链会释放质子以维持电荷平衡。

5）PANI 随即变为氧化态，$Zr(KPO_4)_2 \cdot H_2O$ 得到质子变成 $Zr(HPO_4)_2 \cdot H_2O$，如式（7-2）所示，整个检测步骤随着循环伏安扫描的进行而一直重复。

因此，PANI 链中氮原子通过结合氢质子可以建立微酸性环境，从而在中性溶液中维持其电活性。

$$Zr(PO_4)_2^{2-} \cdot H_2O + 2K^+ \longrightarrow Zr(KPO_4)_2 \cdot H_2O \qquad (7\text{-}1)$$

$$Zr(KPO_4)_2 \cdot H_2O + 2H^+ \longrightarrow Zr(HPO_4)_2 \cdot H_2O + 2K^+$$
$$(7\text{-}2)$$

9.2.2 α-ZrP/PANI 杂化膜对 K^+ 的检测性能

将 α-ZrP/PANI 杂化膜置于不同浓度 KNO_3 溶液中进行循环伏安扫描测其电活性（缓冲液为 0.05mol/L 的 Tris + HCl，pH = 7.2）。如图 9-2（a）所示，当 K^+ 浓度为 10^{-8} mol/L 时，杂化膜的氧化峰电流比空白试样（不加 K^+）高出约 35%，说明 α-ZrP/PANI 膜能够识别和检测 K^+。随着 K^+ 浓度从 10^{-8} mol/L 增加到 10^{-2} mol/L，氧化峰越来越尖锐，相对应的氧化峰电流也越来越大。然而，当 K^+ 的浓度从 10^{-8} mol/L 增加到 10^{-2} mol/L 时峰电流只增加了 93%，原因是随着 K^+ 浓度的增加，进入杂化膜空隙内的 K^+ 也在增加，过量的 K^+ 充满杂化膜的空隙，但是 α-ZrP 只能提供一定数量的 H^+ 用于交换 K^+。因此，过量的 K^+ 不能被有效地交换，峰电流也不能进一步增加。图 9-2（b）为 α-ZrP/PANI 膜检测 K^+ 的校正曲线，由此发现 K^+ 浓度为 10^{-8} ～

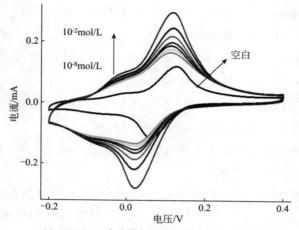

(a) α-ZrP/PANI杂化膜在不同K⁺浓度溶液中的循环伏安图

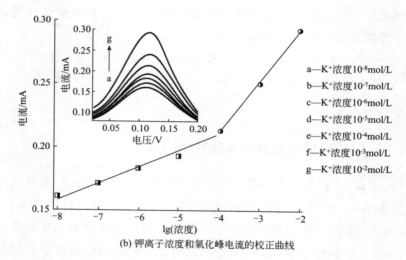

(b) 钾离子浓度和氧化峰电流的校正曲线

图 9-2 α-ZrP/PANI 杂化膜在不同 K^+ 浓度溶液中的性能测试

10^{-4} mol/L 时的校正曲线与浓度为 $10^{-4} \sim 10^{-2}$ mol/L 时的校正曲线不同，这是 K^+ 传递较慢造成的电荷补偿延迟所致。通过氧化峰电流与 K^+ 的对数浓度作图，可知 α-ZrP/PANI 膜能检测 K^+，且检测线性范围为 $10^{-8} \sim 10^{-2}$ mol/L，线性范围远高于金纳米粒子、碳纳米管[9] 等其他材料的检测范围。表 9-1 为与其他材料检测线性范围的比较。

表 9-1　不同材料检测钾离子的线性范围比较

材料	线性范围/(mol/L)	参考文献
芘标记	$6\times10^{-4}\sim2\times10^{-2}$	[8]
鸟嘌呤	$2\times10^{-3}\sim1\times10^{-2}$	[10]
金纳米颗粒	$10^{-6}\sim10^{-1}$	[11]
多壁碳纳米管	$10^{-5}\sim10^{-2}$	[12]
缬氨霉素	$5\times10^{-7}\sim5\times10^{-3}$	[13]
α-ZrP/PANI 膜	$10^{-8}\sim10^{-2}$	本书

9.2.3　α-ZrP/PANI 杂化膜的抗干扰性能

抗干扰实验是设计传感器最具挑战性的任务，干扰性实验对于 α-ZrP/PANI 杂化膜检测钾离子非常重要。图 9-3（a）为 α-ZrP/PANI 杂化膜在含 K^+（浓度 $10^{-8}\sim10^{-2}$ mol/L）和 Na^+（10^{-4} mol/L）的 Tris＋HCl 缓冲液中的循环伏安图。α-ZrP/PANI 杂化膜的循环伏安图与图 9-2（a）类似，但在峰电流和峰电位上有一点细微差别，这主要是由于交换的阳离子浓度和离子半径不同[14]。当 Na^+ 的浓度是 K^+ 的 10000 倍时，电流只提高了 15％；当 Na^+ 的浓度和 K^+ 的浓度相同时，电流只提高了 2％。随着 K^+ 的浓度的增加，Na^+ 的影响可以忽略。所以，当 K^+ 的浓度低于 10^{-4} mol/L 时，Na^+ 才会对其造成影响。与图 9-2（b）类似，图 9-3（b）中氧化峰电流和钾离子浓度依然保持良好的线性关系。

此外，为了研究阴离子对 α-ZrP/PANI 检测 K^+ 的影响，我们同时用 α-ZrP/PANI 杂化膜对 KCl 溶液进行了检测（图 9-4）。通过对比发现，检测 KCl 溶液的循环伏安曲线与检测 KNO_3 溶液类似。峰电流和峰电位几乎没有发生改变，表明阴离子的存在对 α-ZrP/PANI 杂化膜 K^+ 的检测几乎没有影响。原因是 α-ZrP/PANI 杂化膜本身是一种很好的阳离子交换膜。因此，采用 α-ZrP/PANI 杂化膜来检测 K^+ 是非常可行的。

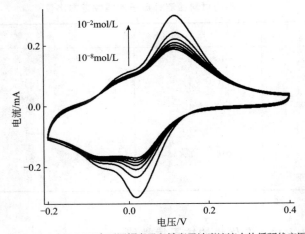

(a) α-ZrP/PANI在不同钾离子和钠离子浓度溶液中的循环伏安图

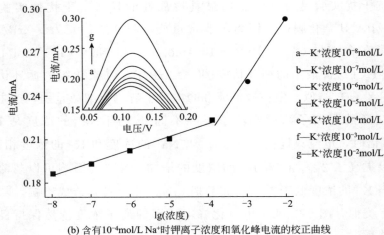

a—K⁺浓度10^{-8}mol/L
b—K⁺浓度10^{-7}mol/L
c—K⁺浓度10^{-6}mol/L
d—K⁺浓度10^{-5}mol/L
e—K⁺浓度10^{-4}mol/L
f—K⁺浓度10^{-3}mol/L
g—K⁺浓度10^{-2}mol/L

(b) 含有10^{-4}mol/L Na⁺时钾离子浓度和氧化峰电流的校正曲线

图 9-3　α-ZrP/PANI 杂化膜选择性测试

9.2.4　α-ZrP/PANI 杂化膜的重现性和可逆性

对于一个传感器来说良好的重现性和可逆性是非常必要的。本实验通过在相同条件下制备 3 个相同的 α-ZrP/PANI 杂化膜来验证传感器的重现性。通过简单的对循环伏安峰电流的计算得到相对标准偏差（RSD）为 5.1%（10^{-8} mol），3.8%（10^{-2} mol）。可逆性通过交替的测

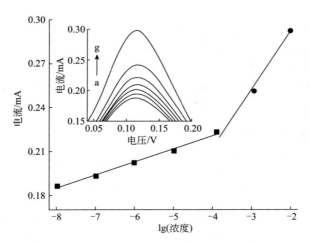

图 9-4 K$^+$ 浓度和氧化峰电流的线性关系（其中 KCl 的浓度为 $10^{-8} \sim 10^{-2}$ mol/L）

量 K$^+$ 浓度（$10^{-6} \sim 10^{-4} \sim 10^{-6}$ mol）对应的峰电流来计算。通过实验计算可得相对误差为 1.2%。结果表明制备的传感器有良好的再现性和可逆性。

9.3 小结

本章所设计的 α-ZrP/PANI 电化学传感器是一种新颖便捷的 K$^+$ 检测器，能够迅速、灵敏地检测溶液中的 K$^+$ 且具有较广的检测范围（$10^{-8} \sim 10^{-4}$ mol，$10^{-4} \sim 10^{-2}$ mol）并拥有很好的选择性、重现性和可逆性。

◉ 参考文献

[1] Wang, Y., Jiang, L., Leng, Q., et al. Electrochemical sensor for glutathione detection based on mercury ion triggered hybridization chain reaction signal amplification [J]. Biosensors and Bioelectronics, 2016, 77: 914-920.

[2] Ronkainen, N. S., Halsall, H. B., Heineman, W. R. Electrochemical biosensors [J]. Chemical Society Reviews, 2010, 39: 1747-1763.

[3] Binh Thi Thanh Nguyen, Jin Qiang Ang, Chee-Seng Toh. Sensitive detection of potassium ion using Prussian blue nanotube sensor [J]. Electrochemistry Communications, 2009, 11: 1861-1864.

[4] Michelle de Souza Castilho, Nelson Ramos Stradiotto. Determination of potassium ions in biodiesel using a nickel (Ⅱ) hexacyanoferrate-modified electrode [J]. Talanta, 2008, 74: 1630-1634.

[5] Yang,Y., Yan,Y.,Chen,X.,et al. Investigation of a Polyaniline-Coated Copper Hexacyanoferrate Modified Glassy Carbon Electrode as a Sulfite Sensor [J]. Electrocatalysis, 2014, 5: 344-353.

[6] Wang, Y.H., Xue, C.F., Li, X.L., et al. Facile preparation of α-zirconium phosphate/polyaniline hybrid film for detecting potassium ion in a wide linear range [J]. Electroanalysis, 2014, 26: 416-423.

[7] Curini M., Montanari F., Rosati O., et al. Layered zirconium phosphate and phosphonate as heterogeneous catalyst in the preparation of pyrroles [J]. Tetrahedron Letters, 2003, 44 (20): 3923-3925.

[8] Curini M., Rosati O., Costantino U. Heterogeneous catalysis in liquid phase organic synthesis, promoted by layered zirconium phosphates and phosphonates [J]. Current Organic Chemistry, 2004, 8 (7): 591-606.

[9] Shi C., Gu H.X., Ma C.P. An aptamer-based fluorescent biosensor for potassium ion detection using a pyrene-labeled molecular beacon [J]. Analytical Biochemistry, 2010, 400 (1): 99-102.

[10] Nagatoishi S., Nojima T., Galezowska E., et al. Fluorescence energy transfer probes based on the guanine quadruplex formation for the fluorometric detection of potassium ion [J]. Analytial Chimica Acta, 2007, 581 (1): 125-131.

[11] Jaworska E., Wójcik M., Kisiel A., et al. Gold nanoparticles solid contact for ion-selective electrodes of highly stable potential readings [J]. Talanta, 2011, 85 (4): 1986-1989.

[12] Parra E.J., Rius F., Blondeau P. A potassium sensor based on non-covalent functionalization of multi-walled carbon nanotubes [J]. Analyst, 2013, 138 (9): 2698-2703.

[13] Cheng Z., Luo L., Wu Z., et al. A new kind of potassium sensor based on capacitance measurement of mimic membrane [J]. Electroanalysis, 2001, 13 (1): 68-71.

[14] Nguyen B.T.T., Ang J.Q., Toh C.S. Sensitive detection of potassium ion using prussian blue nanotube sensor [J]. Electrochemistry Communications, 2009, 11 (10): 1861-1864.

10 电控离子交换工艺及设备设计

10.1 引言

电控离子交换工艺及设备设计是为电控离子交换提供良好分离环境的核心部分，对电控离子交换的工业化应用起着至关重要的作用。它包括膜组件和分离工艺的设计，膜组件的结构和工艺类型对电控离子交换的结果（如分离物的去除率、选择性以及能耗状况）都有很大的影响。

目前，国内外关于膜组件的设计主要集中于4种类型，即板框式、螺卷式、管式和中空纤维式。根据操作方式又可分为间歇操作式、半连续操作式和连续操作式。在废水处理中，选择电控离子交换膜组件的主要依据为：耐电化学腐蚀性强，易于施加电位，不宜堵塞，清洗和更换方便，单位去除液能耗低，单位体积电活性膜面积大。

早期，如美国太平洋西北国家实验室（PNNL）、华盛顿大学、太原理工大学等[1~3]关于 ESIX 的研究是在三电极体系下进行的，大多是针对单一离子分离，且以间歇操作为主，很难实现工业化。随着电控离子交换技术的发展，一种"一腔两室"反应器被设计出来用于电控离子交换过程，通过控制膜电极的氧化还原电压和液路的自动切换来实现膜电极对废水处理过程的半连续操作[4~8]。此外，"一腔两室""两腔三室"等反应器被用于选择性渗透膜分离工艺，在膜电极反应器中利用膜电极的电控离子交换性能和选择渗透性，通过给膜电极交替施以氧化还原电位，并在辅助电极所施加的电场力作用下，利用选择渗透膜电极的电控离子交换性能，实现目标离子的高效、同步、可控连续分离和回收。

Weidlich 等[4~8] 提出了一种"一腔两室"的半连续操作过程，并把它用于导电有机物 PPy 对于 Ca^{2+} 的连续分离过程。Saleh[9] 设计出一填充床反应器实现了 PPy/PSS^{-}/PVC 膜电极对模拟硬水的连续 ESIX 软化过程。Lilga 等采用阳极氧化法在泡沫镍基体上制备电活性 NiHCF 膜电极，并将还原态的膜电极组装填充床采用传统离子交换技术实现对 Cs^{+} 的连续分离。南京大学翟建平[10,11] 等采用阳极氧化法在导电玻璃电沉积 PANI 膜电极，并设计 ESIX 反应器实现对自来水中氟离子（F^{-}）的连续分离。为了实现水溶液中目标离子完全连续的电控分离，进一步提高 ESIX 过程的离子分离效率，澳大利亚 Wollongong 大学的 Wallace 教授及其同事[12,13] 设计了一系列基于导电聚合物 PPy 膜的电化学控制离子传递系统用于分离水溶液中的金属离子。基于上述相同的膜分离机制，Bobacka 等[14,15] 开发了 PPy/C_6S 膜分离系统，通过施加脉冲电压，大大提高了 Ca^{2+} 的传递分离效率。太原理工大学[16] 结合电渗析（ED）和 ESIX 技术的优点，在 ESIX 技术的基础上研发了一种新型的电控离子选择渗透膜分离工艺，该工艺采用隔膜电极反应器，利用膜电极的 ESIX 性能和选择渗透性，通过给膜电极交替施以氧化还原电位控制目标离子的置入与释放。但该工艺中离子需穿过隔膜电极，传递阻力大、分离效率低且需要施加外部电场，操作不便。为克服隔膜电极反应器的缺点，又开发了一种双层同心圆惰性电极反应器[17]，通过外接电源给膜电极交替施加氧化/还原电压，同时控制两膜电极间的同心圆惰性电极的开启/闭合，结合外部供液系统实现对稀溶液中阴、阳离子的连续分离回收。但该工艺仍存在需外加电路和液路切换系统、处理液和再生液共室等问题，不利于工业化应用。为解决这些问题，在此同心圆电极反应器的基础上开发了一套由中心圆柱状膜电极和外部环形对电极组成的反应器[18]。该膜组件的特点是在无附加电路和液路切换系统的条件下利用中心圆柱状膜电极或外部环形对电极的转动实现对溶液中目标离子的连续分离，无需离子交换膜，离子分离效率高，操作简单，易于实现工业化，但其也存在密封性不好的隐患。

10.2 电控离子交换工艺及设备设计

10.2.1 间歇操作式的电控离子交换工艺

对于间歇操作的电控离子交换，主要研究在三电极体系下操作，所需的设备为两个反应槽：一个为处理槽；另一个为再生槽。处理槽中进行有害离子的去除，再生槽中进行膜电极的再生，随后进行依次循环操作，实现对废水的处理。根据所处理废水的种类，可分为：阳离子交换工艺；阴离子交换工艺；阴、阳离子同时交换工艺。

以阳离子交换工艺为例，其工艺如图 10-1、图 10-2 所示，当给膜电极施加还原电位时，溶液中的阳离子被不断吸入膜电极内，直到膜电极吸附饱和后再将此膜电极置入再生槽，且给膜电极施加氧化电位，将膜电极内的阳离子释放到再生槽，然后再将膜电极置入处理槽，依次循环，直到废水达标为止。在此过程中，电位作为主要的推动力，不仅加快了离子的去除效率，而且消除了吸附剂再生及对处理液所带来的二次污染。此工艺及设备具有操作简单、占地面积小、能耗低等优点。但是，膜电极的再生需要人为的分步操作，加大了人工成本，使电控离子交换技术的工业化应用增加了难度。因此，对电控离子交换技术的自动化就显得尤为重要。

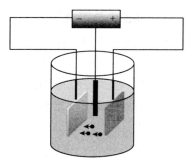

图 10-1　阳离子吸附示意[1~3]

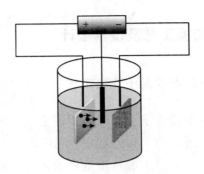

图 10-2　阳离子脱附示意

10.2.2　半连续操作式的电控离子交换工艺

　　板框式（一腔两室）半连续操作的电控离子交换工艺，是在隔膜式反应器中利用膜电极的电控离子交换性能，通过给膜电极交替施以还原氧化电压，结合外部液体供给系统及自动控制系统实现对稀溶液中金属离子的连续分离及回收。本工艺将电控离子交换过程运用在两电极体系中，实现了电控离子分离的自动循环连续运行，同步实现离子的吸附与膜电极的再生，对金属离子的去除率高。其工艺流程及隔膜式反应器的结构示意见图 10-3，图 10-4。图 10-3 所示为两电极体系下实现 ESIX 半连续操作过程的原理。如图所示，整个反应器的核心装置为 2 个完全相同的电控离子交换膜被阴离子交换膜（AM）分隔开的"一膜两室"结构。其工艺采用计算机程序控制，通过外部液体供给系统及自动控制系统实现对稀溶液中金属离子的连续分离及回收。图 10-4 所示为电控离子分离工艺流程，其对稀溶液中金属离子的连续分离及回收的具体工艺步骤如下。

　　1）在反应器中对金属离子同步进行吸附与脱附。

　　2）排放反应器中相应的处理液与再生液。

　　3）洗涤脱附膜电极。

　　4）排放洗涤液。

　　5）通过切换施加在膜电极上的电压，在反应器中对金属离子同步进行脱附与吸附。

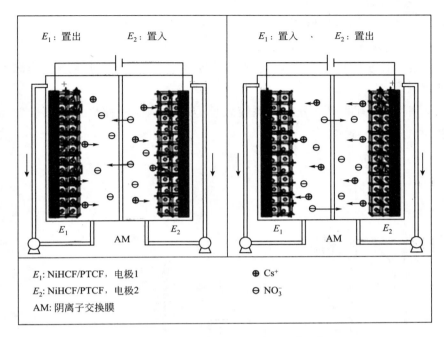

图 10-3 半连续操作过程原理图[4~8]

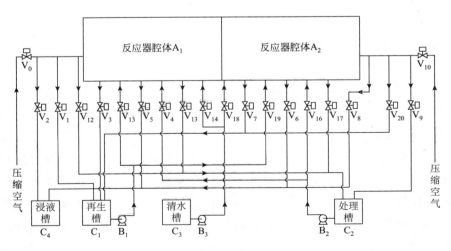

图 10-4 电控离子分离工艺流程

$V_0 \sim V_{20}$—20 路电磁阀；B_1—再生泵；B_2—处理泵；B_3—清水泵；

6）排放反应器中相应的再生液与处理液。

7）洗涤脱附膜电极。

8）排放洗涤液。

按上述步骤循环进行，实现对稀溶液中金属离子的半连续分离及回收。

图 10-5～图 10-7 分别为隔膜式反应器结构、电控离子分离装置布置、半连续装置实物。

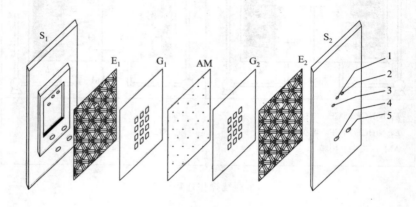

图 10-5　隔膜式反应器结构

S_1，S_2—密封板；E_1，E_2—NiHCF/PTCF 电极；G_1，G_2—硅胶板；AM—阳离子交换膜；

1—电极内表面；2—气体进口；3，4—液体出口；5—液体进口

这种回收金属离子的电控离子交换工艺，其优点在于电控离子分离设备可自动控制运行，操作简单；将 ESIX 过程运用在两电极体系下，易于实现 ESIX 技术的工业应用；可循环连续运行，大大缩短了操作时间；膜电极可循环重复利用，模拟废液既可以循环流过，也可单程流过再生液；回收即可得到浓缩的金属离子溶液；采用了吹气排液技术可以通过控制液体流速、外加电压来控制离子分离速率；对金属离子的去除率高，处理液及金属离子可回收利用。但此工艺并未实现真正的连续运行，而只是将电位及液路的切换进行自动化控制，仍处于半连续操作阶段，并且自动控制系统的使用增大了能耗。

管式半连续操作的电控离子交换工艺，该离子分离回收装置由电活

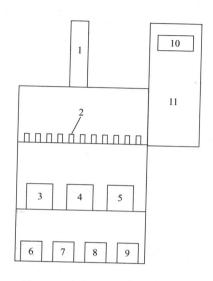

图 10-6 电控离子分离装置布置

1—反应器；2—20 路电池阀；3—清水泵；4—再生泵；5—处理泵；6—废液槽；

7—清水槽；8—再生槽；9—处理槽；10—数显屏；11—电控柜

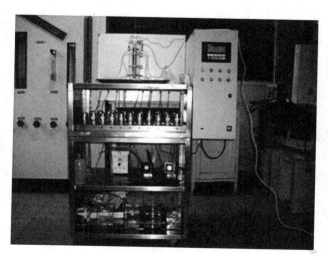

图 10-7 半连续装置实物

性离子交换功能膜电极、可控旋转闭合的同心双层套筒惰性电极、外接电源和电机系统组成，电活性离子交换功能膜电极由在氧化还原电位下具有选择性吸脱附目标阴、阳离子的同心圆柱和圆筒组成，通过外部电源给膜电极交替施加氧化还原电位，同时控制两膜电极间的同心双层套筒惰性电极的开启和闭合，结合外部液路供给系统实现对稀溶液中阴、阳离子的连续分离回收。其结构示意及工艺流程如图 10-8、图 10-9 所示，其对稀溶液中金属离子的连续分离及回收的具体工艺步骤如下。

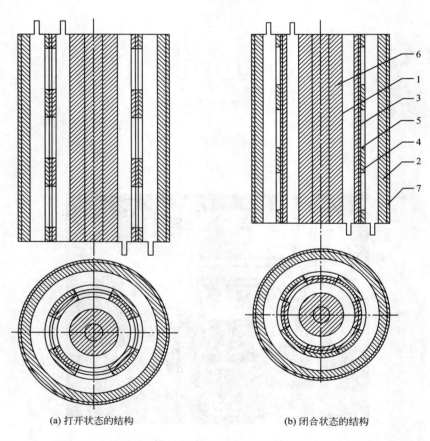

(a) 打开状态的结构　　　　　　　　(b) 闭合状态的结构

图 10-8　本装置惰性电极处于打开/闭合状态的结构示意[17]

1—圆柱体；2—圆柱筒；3—内筒；4—外筒；5—绝缘层；

6—膜电极内侧惰性电极；7—膜电极外侧惰性电极

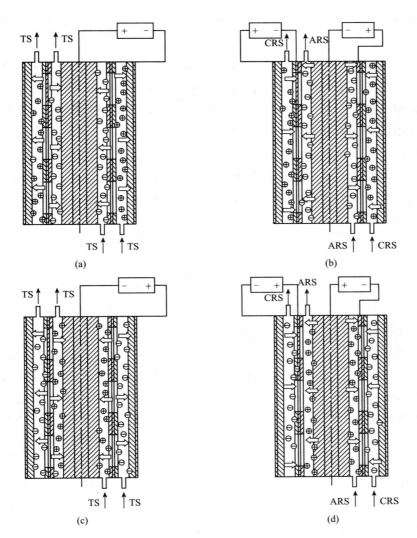

图 10-9　通过外接电源给中心圆柱阴离子交换功能膜和外层圆筒阳离子交换

功能膜电极施加氧化还原电位的吸脱附过程示意

⊕—目标阳离子；⊖—目标阴离子；TS—处理液；CRS—阳离子再生液；

ARS—阴离子再生液

1）在电活性离子交换功能膜电极上分别施加氧化还原电位，控制两同心圆双层套筒惰性电极处于重合状态并断开各自所连接电源。从功能膜电极下端通入待处理稀溶液并保持两功能膜电极之间液路畅通，溶液中目标阴、阳离子分别选择性地吸附于阴、阳离子电活性功能膜电极上。

2）吸附达到饱和后，停止通入待处理稀溶液并将反应器中残余处理液从功能膜电极上端放空，切换系统外接电源，使阴、阳离子电活性功能膜电极分别与两惰性电极组成两组对电极体系，并使阴、阳离子电活性功能膜电极分别处于还原/氧化电位脱附目标离子；同时通过电机系统控制惰性电极旋转闭合，使两功能膜电极之间形成内外两层阴、阳离子脱附腔体，从功能膜电极下端分别通入阴、阳离子再生液到相应的阴、阳离子脱附腔体中，回收目标离子，同时阴、阳离子脱除后，膜电极得到再生。

3）目标离子脱附后，停止通入再生液并将反应器中残余再生液分别从功能膜电极上端放空。

4）通过自动控制电机系统给膜电极交替施加氧化还原电位、控制同心圆惰性电极对电极的旋转闭合，并相应切换外部液路系统，实现对溶液中阴、阳离子的连续同步选择性分离与回收操作。

本装置中无需离子交换膜或隔膜电极，结构简单、操作方便。溶液中离子直接在膜电极表面进行电化学控制的吸、脱附过程，无需穿过隔膜或离子交换膜，因而离子的扩散传递速度快、分离效率高。膜电极无需化学再生，目标阴、阳离子可得到连续、同步分离。但该工艺仍存在需外加电路和液路切换系统、处理液和再生液共室等问题，不利于工业化应用。

旋转式半连续操作的电控离子交换工艺，该装置包括中心圆柱状膜电极和外部环形对电极，中心圆柱状膜电极具备电控离子交换功能，原料液与再生液分别连续输入均匀分布于中心膜电极与环形对电极之间的原料液室和再生液室，在中心膜电极和环形对电极上分别施加不同的电位并控制电极的旋转，可使膜电极对原料液中目标离子的吸附以及膜电极在再生液中的脱附再生连续完成，从而实现对溶液中目标离子的高效同步连续电控分离和回收。其结构示意及工艺流程如图 10-10、图 10-11 所示。

此连续电控离子分离工艺，具体操作步骤如下。

含目标离子的待处理原料液与再生液分别连续输入均匀分布于中心

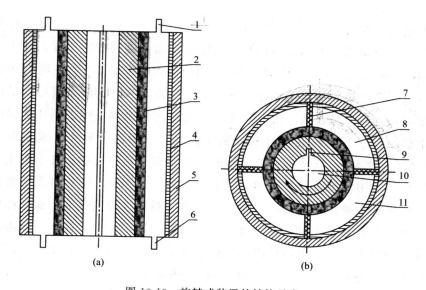

图 10-10　旋转式装置的结构示意

1—出液口；2—膜电极导电基体；3—电活性离子交换功能膜；4—环形对电极；

5—圆筒式绝缘外壳；6—进液口；7—绝缘隔板；8—再生液室；9—键槽；

10—轴孔；11—原料液室

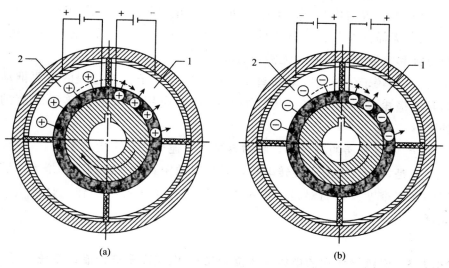

图 10-11　连续选择性吸、脱附阴、阳离子的示意[18]

1—再生液室；2—原料液室

膜电极与环形对电极之间的原料液室和再生液室，在中心膜电极和环形对电极上分别施加不同的电位并通过电机控制电极的旋转速度，转速为0.01～10r/min，使膜电极对原料液中目标离子的吸附以及吸附饱和的膜电极在再生液中的脱附再生连续完成，从而实现对溶液中目标离子的高效同步连续电控分离。此工艺中，外接电源控制固定中心圆柱状膜电极电位，在环形原料液室对电极施加高电位（阳离子分离）或低电位（阴离子分离），使旋转到原料液室的电活性离子交换功能膜处于电化学还原电位（阳离子分离）或氧化电位（阴离子分离），目标阳离子或阴离子在电场力的作用下选择性地吸附于中心圆柱状膜电极上；而在环形再生液室对电极施加低电位（阳离子分离）或高电位（阴离子分离），使旋转到再生液室的电活性离子交换功能膜处于电化学氧化电位（阳离子分离）或还原电位（阴离子分离），被吸附于电活性离子交换功能膜上的目标阳离子或阴离子在电场力的作用下被置出膜外。

该装置中膜电极对原料液中目标离子的吸附以及膜电极在再生液中的脱附再生连续完成，实现对溶液中目标离子的高效同步电控连续分离和回收。其优点如下。

1）本装置结构简单、操作方便，无需电路切换，工艺简单。

2）无需液路切换，处理液和再生液分别进入各自液室互不干扰，膜电极和溶液直接接触，无需通过隔膜。

3）相较于传统的吸附和离子交换，电控离子交换过程的主要推动力是电极电位，因此离子传递效率高且可应用于低浓度离子废液的处理。

4）电荷传递的阻力小，吸附容量大、速率快、再生效率高。

但是，此装置需要旋转电极，对装置的密封要求特别高，增大了装置的加工难度及选材难度；电极的旋转仍处于半连续操作，且增大了能耗。

10.2.3　连续操作式的电控离子交换工艺-电控离子选择渗透系统

板框式（一腔三室）连续操作的电控离子交换工艺，在双隔膜电极反应器中利用膜电极的电控离子交换性能和选择渗透性，通过给双隔膜电极交替施以氧化还原电位控制目标阴、阳离子的同步置入与同步释放，并在辅助电极施加的电场力的作用下实现对稀溶液中阴、阳离子的分离及回收。此工艺利用选择渗透膜电极的电控离子交换性能，通过控制膜电极的电极电位使目标离子选择性地透过隔膜，实现了阴、阳离子的高效同步可控连续分离和回收。

连续分离回收稀溶液中阴、阳离子的电控离子选择渗透膜分离工艺，其对稀溶液中阴、阳离子的同步选择性渗透连续分离及回收的具体工艺步骤如下。

在一对阴、阳离子电控分离膜电极上施加氧化还原电位，使目标阴阳离子分别选择性地吸附置入电控膜电极内部；分别在阴、阳离子电控分离膜电极上施加相反的还原氧化电位，使吸附在膜电极内部的目标阴、阳离子释放离开电控膜电极，在辅助电极所施加的电场力作用下由电控膜电极释放的阴、阳离子透过隔膜分别进入正极室和负极室。原料液在反应器的两隔膜电极之间循环，阴、阳离子再生液分别在正极室和负极室循环。通过控制系统在膜电极上交替施加氧化还原电位，在双隔膜电极反应器中对目标阴、阳离子同步进行置入、释放和透过，实现对稀溶液中阴、阳离子的选择性连续可控分离及回收。其工艺流程如图10-12、图10-13所示。

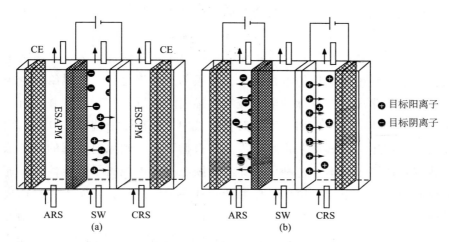

图 10-12　同步选择性吸附阴、阳离子过程原理（一）[19]

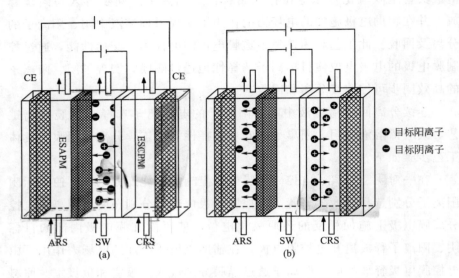

图 10-13   同步选择性吸附阴、阳离子过程原理（二）

ESAPM—电控阴离子选择渗透膜；ESCPM—电控阳离子选择渗透膜；CE—辅助电极；

SW—模拟溶液废液；ARS—阴离子再生溶液；CRS—阳离子再生溶液。

    同步回收稀溶液中阴、阳离子的电控离子选择渗透膜分离工艺与现有技术相比，其创新之处在于实现了对目标离子的选择性分离，同步回收有价值的阴、阳离子，通过交替施加电位大大提高了离子在膜电极中的渗透扩散传递速率，可连续运行，大大缩短了操作时间。

    板框式（一腔两室）连续操作的电控离子选择渗透工艺，在隔膜电极反应器中利用膜电极的电控离子交换膜的选择渗透性，通过给膜电极交替施以氧化还原的双脉冲电位控制目标离子的置入与释放，并在所施加辅助电极的电场力作用下实现对稀溶液中目标离子的选择性分离。两腔式中分别用两个蠕动泵将腔室内液体打循环，直到原料液室的离子浓度达到排放要求。本工艺利用选择渗透膜电极的电控离子交换性能，通过控制膜电极的电极电位使目标离子选择性地透过隔膜，实现了目标离子的高效可控连续分离和回收。其工艺流程如图 10-14、图 10-15 所示。

    此工艺流程的优点在于：无需切换电极及液路，实现了真正的 ESIX 技术的连续运行。但该工艺中离子需穿过隔膜电极，传递阻力大、分离

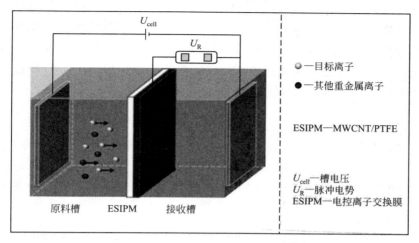

图 10-14　电控离子选择渗透分离示意

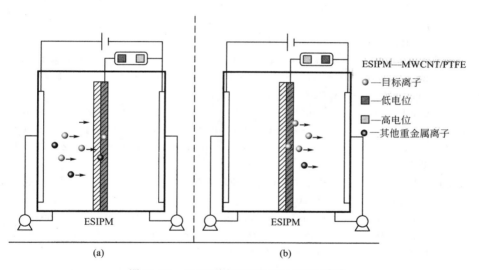

图 10-15　电控离子选择渗透过程原理[20]

效率低且需要施加外部电场，操作不便。

10.3　展望

新型结构膜组件及工艺流程的研发：除膜材料外，膜组件及分离系统开发是 ESIX 技术工业化应用的一个关键因素。为解决中心圆柱状膜电极和外部环形对电极反应器的密封性问题，可将对电极由环形改为弧形，并设置柔性接触式密封单元；同时组装 ESIP 膜分离系统，结合外部电场作用，模拟目标离子在 ESIP 膜中的选择性置入/渗透/释放，以获得最佳工艺操作参数为工业化应用提供参考。

● 参考文献

[1] Rassat S D, Sukamto J H, Orth M A., et al. Development of an electrically switched ion exchange process for selective ion separations [J]. Sep. Purif. Technol, 1999, 15: 207-222.

[2] Jeerage K M, Schwartz D T. Characterization of Cathodically Deposited Nickel Hexacyanoferrate for Electrochemically Switched Ion Exchange [J]. Sep. Purif. Technol, 2000, 35: 2375-2392.

[3] 郝晓刚, 郭金霞, 张忠林, 等. 电沉积铁氰化镍薄膜的电控离子交换性能 [J]. 化工学报, 2005, 56(12): 2380-2386.

[4] Weidlich C, Mangold K M, Jüttner K. EQCM study of the ion exchange behaviour of polypyrrole with different counterions in different electrolytes [J]. Electrochim. Acta, 2005, 50: 1547-1552.

[5] Sun B, Hao X G, Wang Z D, et al. Separation of low concentration of cesium ion from wastewater by electrochemically switched ion exchange method: experimental adsorption kinetics analysis [J]. J Hazard Mater. , 2012, 233-234: 177-183.

[6] 孙斌, 郝晓刚, 王忠德, 等. 碳毡基 NiHCF 膜电极电化学控制 Cs^+ 分离 [J]. 化工进展, 2011, 30(S1): 25-30.

[7] Sun B, Hao X G, Wang Z D, et al. Continuous Separation of Cesium Based on NiHCF/PTCF Electrode by Electrochemically Switched Ion Exchange [J]. Chinese J Chem. Eng. , 2012, 20(5): 837-842.

[8] Liao S L, Xue C F, Wang Y H, et al. Simultaneous separation of iodide and cesium ions from dilute wastewater based on PPy/PTCF and NiHCF/PTCF electrodes using electrochemically switched ion exchange method [J]. Sep. Purif. Technol. , 2015, 139: 63-69.

[9] Saleh M M. Water softening using packed bed of polypyrrole from flowing solutions [J]. Desalination, 2009, 235: 319-329.

[10] Cui H, Li Q, Qian Y, et al. Defluoridation of water via electrically controlled anion exchange by polyaniline modified electrode reactor [J]. Water Res, 2011, 45: 5736-5744.

[11] Cui H, Qian Y, An H, et al. Electrochemical removal of fluoride from water by PAOA-modified carbon felt electrodes in a continuous flow reactor [J]. Water Res, 2012, 46(12): 3943-3950.

[12] Price W E, Too C Q, Wallace G G, et al. Development of membrane systems based on conducting polymers [J]. Synth. Met. , 1999, 102: 1338-1341.

[13] Reece D A, Ralph S F, Wallace G G. Metal transport studies on inherently conducting polymer membranes containing cyclodextrin dopants [J]. J. Membrane Sci. 2005, 249: 9-20.

[14] Akieh M N, Ralph S F, Bobacka J. J, et al. Transport of metal ions across an electrically switchable cation exchange membrane based on polypyrrole doped with a sulfonated calix [6] arene [J]. Membrane Sci. , 2010, 354: 162-170.

[15] Akieh-Pirkanniemi M, Lisak G, Arroyo J, et al. Tuned ionophore-based bimembranes for selective transport of target ions [J]. J. Membrane Sci. , 2016, 511: 76-83.

[16] Zhang P, Zheng J L, Wang Z D, et al. An in Situ Potential-Enhanced Ion Transport System Based on FeHCF－PPy/PSS Membrane for the Removal of Ca^{2+} and Mg^{2+} from Dilute Aqueous Solution [J]. Ind. Eng. Chem. Res. , 2016, 55: 6194-6203.

[17] 张忠林, 郝晓刚, 郑君兰, 等. CN 104587835 A, 2015.

[18] 郝晓刚, 杜晓, 蔡富刚, 等. CN 105948188 A, 2016.

[19] 郝晓刚, 韩念琛, 孙斌, 等. CN 102583664 B, 2012.

[20] Gao F F, Du X, Hao X G, et al. Electrical double layer ion transport with cell voltage-pulse potential coupling circuit for separating dilute lead ions from wastewater [J]. J. Membrane. Sci, 2017, 535: 20-27.